工业和信息化部"十四五"规划教材

粒子光散射基础理论及其应用

王明军 张华永 张佳琳 编著

U0366178

电子工业出版社·

Publishing House of Electronics Industry

北京·BEIJING

内 容 简 介

本书主要介绍粒子光散射的基础理论及其应用，包括粒子光散射研究的最新进展，在球坐标系、椭球坐标系和圆柱坐标系下规则形状粒子对平面波散射的基础理论，任意形状（包括不规则形状）粒子对平面波散射的近似理论和数值方法，利用 DDA 数值计算方法计算球形粒子、椭球形粒子、非球形粒子和任意团聚形粒子的散射特性，激光在随机分布粒子中的传输与散射特性，以及冰晶粒子云层的激光传输特性及应用等内容。

本书重点介绍了基本物理概念和各种理论之间的相互联系，数学推导简明扼要，附有典型粒子平面波散射运算程序，可供高等院校高年级本科生、研究生，以及电子科学与技术、电子信息工程、电磁与无线技术、光学工程、通信与信息系统等领域的工程技术人员阅读和参考。

图书在版编目（CIP）数据

粒子光散射基础理论及其应用 / 王明军，张华永，张佳琳编著. -- 北京 ： 电子工业出版社，2025. 1.
（工业和信息化部"十四五"规划教材）. -- ISBN 978-7-121-49279-2

Ⅰ. O436.2

中国国家版本馆 CIP 数据核字第 2024KV1353 号

责任编辑：李树林　　特约编辑：田学清
印　　刷：三河市龙林印务有限公司
装　　订：三河市龙林印务有限公司
出版发行：电子工业出版社
　　　　　北京市海淀区万寿路 173 信箱　邮编：100036
开　　本：720×1 000　1/16　印张：13.5　字数：216 千字
版　　次：2025 年 1 月第 1 版
印　　次：2025 年 1 月第 1 次印刷
定　　价：88.00 元

凡所购买电子工业出版社图书有缺损问题，请向购买书店调换。若书店售缺，请与本社发行部联系，联系及邮购电话：（010）88254888，88258888。

质量投诉请发邮件至 zlts@phei.com.cn，盗版侵权举报请发邮件至 dbqq@phei.com.cn。

本书咨询联系方式：（010）88254463，lisl@phei.com.cn。

前　言

近年来，对光在大气、海洋、生物等介质中的传输和散射问题的研究，在通信、遥感和检测等领域变得越来越重要。光在介质中传输时，粒子的吸收和散射作用会对其造成严重影响。本书在研究规则形状粒子对光散射特性的基础上，对粒子与光相互作用的特性进行了进一步的探索，开展了任意形状粒子对光散射特性的研究，并探讨了地空链路云层中粒子对激光传输与探测特性的影响。

本书主要介绍粒子光散射基础理论及其应用，全书共 6 章：第 1 章绪论，综述粒子光散射国内外研究的最新进展；第 2 章规则形状粒子对平面波的散射和第 3 章任意形状粒子对平面波的散射，分别阐述规则形状粒子和不规则形状粒子（任意形状粒子）对平面波的散射理论，包括矢量波函数和米氏散射理论，以及常用的近似理论、数值方法等；第 4 章粒子散射特性的 DDA 数值计算方法，讨论球形粒子、椭球形粒子、非球形粒子和任意团聚形粒子的散射特性 DDA 数值计算；第 5 章激光在随机分布粒子中的传输与散射特性，阐述激光的辐射传输方程及解法，同时给出均匀平面平行卷云与均匀球形边界卷云两种模型的激光传输和散射特性；第 6 章冰晶粒子云层的激光传输特性及应用，主要介绍了冰晶粒子云层的激光传输特性及应用模型。

本书得到了国家自然科学基金重大研究计划培育项目（92052106）、国家自然科学基金面上项目（61771385、61271110、60801047）、中国博士后基金项目（20090461308、2014M552468）、固体激光技术重点实验室开放基金项目（6142404190301）、陕西省重点产业链创新团队项目（2024RS-CXTD-12）、陕西省杰出青年科学基金项目（2020JC-42）、陕西科技新星计划项目

（2011KJXX39）、陕西省自然科学基金项目（2014JQ8316、2010JQ8016）、西安市重点产业链关键核心技术攻关项目（433023062）、陕西省教育厅科研计划项目（2010JK897、08JK480）、咸阳市重点研发计划（L2023-ZDYF-QYCX-025）等的资助，在此一并表示感谢。

　　本书是对粒子光散射基础理论及其应用研究工作的初步总结。由于编著者水平和时间有限，书中难免存在不妥之处，敬请广大读者批评指正。

目　　录

第1章 绪 论

1.1 引言

在自然界中存在气溶胶粒子、宇宙环境中的尘埃颗粒、生物医学中的细菌、气象粒子、原子、分子等，这些粒子的尺寸大都为纳米量级，研究这类小粒子的光散射特性，从而分析粒子的尺寸、形状、结构和性质，对人们认识自然界中光波与物质相互作用的规律及其在光信息传输处理中的实际应用都具有十分重要的意义。研究各种小粒子的光散射特性也一直是电磁波传播和散射理论中的重要课题。

激光的问世为人们提供了一种高强度、高单色性、高相干性的光源，正因如此，激光在许多实验研究及实际工程中得到了广泛的应用。随着激光技术的发展，激光与粒子及颗粒系的相互作用在大气光学、雷达遥感、燃烧、生物医学、纳米科学等领域得到广泛应用，该相互作用一直以来都是散射问题研究中的热点。在许多实际环境中，散射粒子并不是孤立的，自然界中的小粒子很多是多粒子簇团体系，如月球表面一些具有细致纹理的细小岩石颗粒及矿物质碎片、燃烧中的碳烟粒子、高分子化合物和星际尘埃等。作为实际问题的理论抽象，簇团粒子的散射特性成为许多电磁或光波无线通信及目标探测识别问题研究的核心和基础。单个簇团粒子散射特性又是任意取向随机分布的簇团粒子散射特性研究的基础。通过对单个及群簇团粒子的计算机数值计算、理论推导建模、实验测量、相关近似方法等的研究，可以进一步研究光波在随机分布的簇团粒子群中的传播规律，这对像烟幕、气溶胶等这类复杂环境中的光信息的处理和分析，以及生物粒子的生成、生物细胞组织的光学成像、医学诊疗技术的研究和发展等都有显著的理论指导意义。此外，在工业燃烧或战场烟幕环境中，物质燃烧过程也会产生大量的簇团粒子，这些粒子对光波传输特性也会产生影响，当然人们也可以利用燃烧生成物的粒子对光散射强度的测量来分析粒子的成分。因此，开展随机分布的簇团粒子光波的散射特性研究在电磁基础理论和实际工程应用中都具有显著的学术价值。

近年来，各向异性介质和人工超材料广泛应用于光通信、光学雷达和非破坏性测试等领域。许多自然的和人工制造的各向异性介质已广泛应用于光信号处理、高性能天线设计、光纤优化设计、波导器件（滤波器、放大器）设计等；各向异性介质的共振散射、谐振散射也被应用在高科技和生物工程方面；单轴各向异性介质的制造技术会随着纳米科学和技术的发展而进一步成熟，光学雷达散射截面的控制会在单轴各向异性介质的制造过程中用到。随着各向异性介质在上述众多领域的广泛应用，电磁波（光波）与各向异性粒子之间的相互作用受到很多专家和学者的关注。目前虽然有很多方法可用来研究单个各向异性目标的散射特性，但是对于多个随机分布的各向异性簇团粒子的散射特性还很少有人研究，这也是一个很值得关注的领域。

在光与粒子相互作用研究方面，利用高度汇聚激光束的光悬浮和光束的捕获特性形成的光镊技术以其能对微米量级的小粒子进行无直接接触、无损伤且精确的操纵的优点，正被大量地应用于物理学、生物学及工程动力学等研究领域。光镊技术可以实现对生物活体样品进行无直接接触、无损伤的捕获和操纵，已经在生物细胞及生物大分子的捕获、分选、操纵等方面得到广泛且深入的应用，目前实验中捕获研究的细胞有动物细胞、大肠杆菌细胞、红细胞、神经细胞、配偶子等。根据电磁场动量守恒理论，可以给出光镊系统中微粒辐射捕获力的精确理论解释及数值分析，从而对光镊实验仪器的技术改进、捕获力的实验测量过程、细胞的生物特性研究等起到重要的指导作用。各向异性介质与光镊技术的结合目前还没有相关的报道，但是将这两个方向结合对用光镊技术捕获各向异性介质粒子具有很大的价值及实际意义。单个单轴各向异性介质粒子的辐射力分析也为激光波束对多个各向异性介质粒子的结合力分析提供了一定的理论基础，并可利用此辐射力实现多个各向异性介质粒子的重新排列组合，这可用于微带天线中特殊贴片的制造等。

1.2　粒子光散射研究的进展

基于电磁理论，光波在离散随机介质中传播会受到介质的散射，散射主要分为两种，分别为脉动散射和粒子散射，本书主要讨论粒子散射。在许多科学和工程领域，如光学、电磁学、通信工程、辐射传输、遥感等领域中，粒子对光散射都是一个不可忽视且需要解决的基础核心问题。

1.2.1　粒子对平面波散射研究的进展

均匀介质球对平面波散射特性的研究可以追溯到 19 世纪末到 20 世纪初。早在 1890 年和 1908 年，Lorenz 和 Mie[1-2]就分别从麦克斯韦方程组（Maxwell's Equations）出发，采用不同的表达方法导出了均匀各向同性介质球对平面波散射的解析表达式，即米氏散射理论，该理论在许多专著中都有介绍。随后德拜（Debye）[3]考虑空间微粒上的辐射压力，利用德拜势（Debye Potential）的方法研究了球形粒子的散射。尽管已有许多学者开始关注小粒子的电磁散射这一问题，但由于当时的计算方法的限制，粒子与电磁波相互作用的研究进展非常缓慢。直到 20 世纪五六十年代，随着计算机科学技术的快速发展，许多学者重新对该理论进行了详细的讨论和分析，各种数值算法随之而出，解析法也有了相应的数值结果。例如，在 1949 年，Brillouin[4]讨论了电磁波对球形粒子的散射截面，解释了斯特拉顿理论（Stratton Theory）中对大尺寸球形粒子的散射截面为粒子实际截面 2 倍的原因。1970 年，Inada

和 Plonus[5]用几何方法研究了大尺寸无耗球形粒子对平面波的电磁散射，并计算了后向散射截面。

在成功地解决了单个均匀各向同性介质球对平面波散射的问题后，人们又进一步关注更为复杂的球形粒子的电磁散射问题。1951 年，Aden 和 Kerker[6]首先导出了均匀同心涂层球形粒子对平面波的电磁散射公式，并给出了部分数值结果。在此基础上，Kerker[7]在其 1969 年的著作中将双层同心球散射模型推广到多层球的电磁散射中，并获得了计算散射系数的矩阵公式。Albini、Stein 等[8-9]分别采用玻恩近似（Born Approximation）和瑞利－甘（Rayleigh-Gans）近似法分析了非均匀球的光散射，并推导出了雷达散射截面的计算公式。1987 年，Richmond[10]分别采用波函数理论、物理光学（PO）法、几何光学（GO）法研究了有耗均匀铁氧体涂层球的散射问题，并讨论了后向散射截面随尺寸参数的变化。最初在计算多层球的散射特性，特别是层数较多时，不仅数值计算的效率非常低，而且会出现严重的收敛性问题。1991 年，Wu 和 Wang[11]提出了一种计算多层球散射特性的改进算法，使得可计算的球形粒子的尺寸参数和层数都得到了极大的提高。此后 Johnson[12]又对此迭代数值方法进行了完善，使其可以用来计算多层球形粒子每一层中的电磁场的强度分布。Sun 等[13]采用时域有限差分（Finite Difference Time Domain，FDTD）法和解析法研究了吸收环境中涂层球的光散射特性。与米氏散射理论解析法相比，德拜级数（Debye Series）法可以将散射系数的每一项表达为另一个无限项级数，这对分析粒子的彩虹现象具有重要的作用。1992 年，Hovenac 和 Lock[14]采用德拜级数法分析了介质球的米氏散射中的复杂射线远场贡献。1994 年，Lock 等[15]采用几何光学法和 Aden-Kerker 散射理论研究了不同球半径及球核大小的涂层各向同性介质球的彩虹现象。1994 年，吴成明等[16]采用玻恩近似法研究了双层介质球的散射特性。2007 年，施丽娟等[17]采用德拜级数法研究了多层球对平面波的光散射，并讨论了多层球的彩虹现象。

随着激光技术的不断发展和应用，激光波束与粒子之间的相互作用在粒子分析、光镊、大气遥感、空间探测及生物医学等领域占有越来越重要的地位，激光与粒子的相互作用也越来越受到人们的关注。1968 年，Morita 等[18]研究了单个小球形粒子对波束的散射，分析了球形粒子对波束散射与对平面波散射的区别，但是他们的波束的球矢量波函数展开是一种近似表述形式。1979 年，Davis[19]导出了满足麦克斯韦方程组的高斯波束的一阶及高阶近似，给出了高斯波束用平面波角谱展开的形式，从而为研究粒子对高斯波束的散射提供了一种非常有效的途径。1988 年，Gouesbet 等[20]在 Davis 的研究基础上，推导了球坐标系中在轴和离轴高斯波束形状因子的表达式，并给出了积分法、有限级数法、区域近似法三种波束形状因子的求解方法。他们还利用 Bromwich 公式深入分析了均匀球对波束的远区散射，并提出了著名的广义洛伦茨–米氏理论（GLMT）。1993 年，Khaled 等[21]将高斯波束的一阶近似用球矢量波函数进行展开，根据平面波角谱展开方法推导了其展开系数，并用 T 矩阵法研究了单个各向同性介质球对高斯波束的散射，计算了内场及近场分布。1997 年，Doicu 和 Wriedt[22]根据平面波角谱展开方法及傅里叶逆变换推导了波束的低阶及高阶近似下的波束形状因子，并给出了局域近似的级数表示形式。同年 Doicu 和 Wriedt [23]利用球矢量波函数的加法定理给出了求解离轴波束形状因子的几种不同方法。随后，多篇文献利用该算法分析了球形粒子对高斯波束的散射特性，以及波束参数对散射场的影响。伴随着 GLMT 的发展，有很多学者采用其他描述波束的方法研究了均匀球、涂层球及非均匀球对波束的散射。

1.2.2　粒子对激光散射研究的进展

在处理如上所述的各种实际问题时，经常采用一些简化的模型，如将粒子简化为球形粒子、椭球形粒子、圆柱形粒子等。其中，球形粒子、椭球形粒子、圆柱形粒子的电磁散射可以通过在球坐标系、椭球坐标系、圆柱坐标系中采用分离变量法求解亥姆霍兹方程（Helmholtz's Equation）而得到精确的解析解，它们不但可以作为一些具有规则形状粒子的合理模型，而且可以作为检验新发展计算方法的一个标准，所以很多学者对它们进行了研究，无论是在理论中还是在应用中都已经取得了很多重要的成果。下面我们分别对球形粒子、椭球形粒子、圆柱形粒子电磁散射的研究进展进行简要的说明。

对球形粒子电磁散射的研究，从导体球到单层均匀介质球再到多层介质球，从无耗介质球到有耗介质球，从各向同性介质球到各向异性介质球，从平面波入射到有形波束入射，都已经相当系统和完善。早在 1890 年和 1908 年，Lorenz 和 Mie[1-2]就分别利用求解麦克斯韦方程组，给出了均匀介质球形粒子对平面电磁波散射的严格解析解，该理论被称为米氏散射理论。然而在其后很长一段时间内，由于计算手段的落后，该理论一直没有更大的进展。直到 20 世纪五六十年代，随着计算机科学技术的快速发展，许多学者才对米氏散射理论进行了详细的讨论，随后各种模型相继被提出并且给出了数值结果。Aden 和 Kerker[6]在 1951 年首次导出了涂层球形粒子的电磁散射公式，并进行了详细的讨论。1969 年，Kerker[7]研究了多层球的电磁散射，并获得了计算散射系数的矩阵公式。van de Hulst[24]给出了由吸收物质和非吸收物质构成的球状粒子、柱状粒子、盘状粒子的详细计算。Toon 和 Miake-Lye[25]给出了一种计算多层球形粒子散射的理论方法，Bohren 和 Huffman[26]在这方面也做了很多工作。Wu 和 Wang[11]提出了一种改进的计算多层球散射的数值方法。Bruning 和 Lo[27-28]提出了精确求解两个球形粒子组成的系统对平面波散射的方法。上述是入射电磁波为平面波的情况，对于入射的有形波束，Davis[19]在 1979 年提出了高斯波束的平面波角谱展开形式，为研究粒子对高斯波束的散射提供了一种非常有效的途径。Gouesbet 等[20]根据 Davis 的研究成果，利用 Bromwich 公式深入研究了均匀球对波束的远区散射场，提出了 GLMT，给出了一种计算球形粒子对高斯波束散射的级数方法，以及高斯波束在球坐标系中展开时展开系数的三种计算方法。GLMT 已是一种公认的研究球形粒子对有形波束散射的重要方法。吴振森和王一平[29]

改进了多层球形粒子对高斯波束散射的数值计算方法。Khaled 等[30]研究了涂层球对离轴高斯波束的散射。Barton[31-32]研究了高斯波束入射时球形粒子散射近场的分布。

在对圆柱形粒子电磁散射的研究方面，Rayleigh[33]首先研究了无限长圆柱对垂直入射平面波的散射。Wait[34]研究了无限长圆柱对斜入射平面波的散射。Kai 和 Alessio[35]给出了非均匀圆柱对平面波的散射。Bohren 和 Huffman[26]在他们的书中详细讨论了无线长圆柱对任意方向入射平面波的散射特性。上述研究讨论的是圆柱形粒子对平面波的散射，对于入射的有形波束，Alexopoulos 和 Park[36]提出了波束的平面波角谱模型，不过他们的研究局限于无限长圆柱、非均匀圆柱对高斯波束片的散射，是典型的二维问题。入射的汇聚有形波束，其本质上是一个三维问题，对此 Gouesbet 和 Grehan[37]提出了分布理论，Ren 等[38]用分布理论定量研究并给出了无限长圆柱对高斯波束散射的一些重要特性。然而由于对分布理论的描述和应用还存在很大的困难，尤其是在圆柱形粒子表面应用电磁场边界条件时更是如此，以至于该理论只能在满足一些简化条件的情况下应用，所以正如 Gouesbet 所说，分布理论还并不令人满意。

与球形粒子、圆柱形粒子相比，对椭球形粒子电磁散射进行研究的文献比较少，其主要原因在于椭球波函数的表述形式十分复杂，给理论推导及数值计算带来了许多困难，特别是对电磁场边界条件的处理更为困难。然而由于椭球模型更接近一些实际存在的粒子，如气象观测和实验都已证实下落的雨滴大多呈椭球形，一些生物细胞也非常接近椭球形等，所以详细研究椭球形粒子的散射特性在实际应用中是非常重要的，同时在理论上也有其必要性。关于椭球形粒子对平面波的散射，Schulz 等[39]用 T 矩阵法研究了椭球形粒子对平面波的散射问题。Asano 等[40-41]利用分离变量法，求解了椭球形粒子对平面波的散射，提出了一种处理椭球形粒子电磁场边界条件的理论方法，较好地解决了电磁场边界条件问题。其文章被许多文献引用，这种方法是一种公认的研究椭球形粒子对平面波散射的重要方法。然而他们对电磁场边界条件的推导中部分数值结果有误，韩一平和吴振森[42-43]纠正了其中的错误参数，给出了正确结果。关于椭球形粒子对有形波束的散射，Barton[44-45]做过这方面的工作，但是他的理论存在一些问题：①其论文无法给出高斯波束在椭球坐标系中的展开形式；②电磁场边界条件是通过积分方法处理的，这是一种近似方法，在计算中会带来一定的误差。韩一平和吴振森[42-43]解决了上述问题，并详细地研究了椭球形粒子对正入射高斯波束的散射，但他们对高斯波束任意方向入射的情况没有进行讨论。对于多层椭球，Sebak 和Sinha[46]研究了介质镀层导体椭球对正入射平面波的散射，Li 等[47]研究了椭球天线罩对椭球天线发射电波的影响，然而其研究均未涉及高斯光。

目前，分析球形粒子、圆柱形粒子、椭球形粒子及其他不规则形状粒子电磁散射的方法有许多，按照粒子的大小与入射波长的比值可将待研究的散射体分为瑞利区的小粒子、几何光学区的大粒子和谐振区可与入射波长相拟的粒子。解决瑞利区的小粒子散射问题的方法主要有瑞利近似、玻恩近似、温策尔–克拉默斯–布里渊近似（WKB 近似）等；解决几何光学区的大粒子散射问题的方法有几何绕射理论（GTD）、物理光学法、物理绕射理论（PTD）、几何光学法、一致性几何绕射理论（UTD）及等效电磁流法等；解决谐振区可与入射波长相拟的粒子散射问题的方法有分离变量法、微扰法、FDTD 法、有限元法（FEM）、矩量法（MOM）、点匹配法（PMM）、T矩阵法（TMM）等。在分析粒子的电磁散射时，每种方法都有其优缺点，如分离变量法主要用于精确解析求解形状十分规则的粒子，如球形粒子、圆柱形粒子、椭球形粒子等，微扰法的应用局限于粒子几何形状略偏离球形的情况，T 矩阵法是一种计算步骤较少且普适性强的求解问题的方法等，各种方法都得到了迅速的发展。

第 2 章　规则形状粒子对平面波的散射

2.1　矢量波函数

在电磁理论的应用中，有时需要直接求解齐次矢量波动方程，Hansen 引入的矢量波函数成为解决这类问题的有效方法。本节首先讨论矢量波动方程的基本解，然后在球坐标系和圆柱坐标系中给出矢量波函数的表达式。

2.1.1　矢量波动方程的基本解

麦克斯韦方程组如下：

$$\nabla \times \boldsymbol{E} = -\frac{\partial \boldsymbol{B}}{\partial t}$$

$$\nabla \times \boldsymbol{H} = \frac{\partial \boldsymbol{D}}{\partial t} + \boldsymbol{J} \tag{2-1}$$

$$\nabla \cdot \boldsymbol{D} = \rho$$

$$\nabla \cdot \boldsymbol{B} = 0$$

式中，$\boldsymbol{E}$ 为电场强度（Electric Field Strength），单位为伏/米（V/m）；$\boldsymbol{B}$ 为磁通密度（Magnetic Flux Density），单位为韦伯/米^2（Wb/m^2）；$\boldsymbol{H}$ 为磁场强度（Magnetic Field Strength），单位为安/米（A/m）；$\boldsymbol{D}$ 为电位移（Electric Displacement），单位为库/米^2（C/m^2）；$\boldsymbol{J}$ 为电流密度（Electric Current Density），单位为安/米^2（A/m^2）；ρ 为电荷密度（Electric Charge Density），单位为库/米^3（C/m^3）。

在电无源（$J = 0$ 和 $\rho = 0$）区域，麦克斯韦方程组变为

$$\nabla \times E = -\frac{\partial B}{\partial t}$$
$$\nabla \times H = \frac{\partial D}{\partial t}$$
$$\nabla \cdot D = 0$$
$$\nabla \cdot B = 0$$

(2-2)

考虑均匀各向同性介质中的时谐场，即

$$E(r,t) = \text{Re}[E_0(r)e^{-i\omega t}] \ , \quad H(r,t) = \text{Re}[H_0(r)e^{-i\omega t}]$$

(2-3)

式中，$E_0(r)$ 和 $H_0(r)$ 为位置矢量的复变函数。实际时谐场可由式（2-3）取实部得到。在一定频率下，对于线性均匀介质有 $D = \varepsilon E$ ， $B = \mu H$ ，其中 ε 为介质的介电常数，μ 为磁导率。将式（2-3）代入式（2-2）可得

$$\begin{cases} \text{Re}[\nabla \times (E_0 e^{-i\omega t})] = \text{Re}\left[-\frac{\partial}{\partial t}(\mu H_0 e^{-i\omega t}) \right] \\ \text{Re}[e^{-i\omega t}\nabla \times E_0] = \text{Re}[i\omega\mu H_0 e^{-i\omega t}] \end{cases}$$

(2-4)

$$\begin{cases} \text{Re}[\nabla \times (H_0 e^{-i\omega t})] = \text{Re}\left[\frac{\partial}{\partial t}(\varepsilon E_0 e^{-i\omega t}) \right] \\ \text{Re}[e^{-i\omega t}\nabla \times H_0] = \text{Re}[-i\omega\varepsilon E_0 e^{-i\omega t}] \end{cases}$$

(2-5)

可以证明：若 $\text{Re}[Ce^{-i\omega t}] = 0$ 对任意的时间 t 均成立，则有复数 $C = 0$。所以，由式（2-2）和式（2-4）及式（2-5）可得，在一定频率下，对于均匀各向同性介质中的时谐电磁场，麦克斯韦方程组变为

$$\nabla \times E_0 = i\omega\mu H_0$$
$$\nabla \times H_0 = -i\omega\varepsilon E_0$$
$$\nabla \cdot E_0 = 0$$
$$\nabla \cdot H_0 = 0$$

(2-6)

取式（2-6）中第一个式子的旋度并将其代入第二个式子可得

$$\nabla \times (\nabla \times \boldsymbol{E}_0) = \nabla \times (\mathrm{i}\omega\mu\boldsymbol{H}_0) = \mathrm{i}\omega\mu\nabla \times \boldsymbol{H}_0 = \omega^2\varepsilon\mu\boldsymbol{E}_0 \qquad (2\text{-}7)$$

由 $\nabla \times (\nabla \times \boldsymbol{E}_0) = \nabla(\nabla \cdot \boldsymbol{E}_0) - \nabla^2\boldsymbol{E}_0$ 可得

$$\begin{cases} \nabla^2\boldsymbol{E}_0 + k^2\boldsymbol{E}_0 = 0 \\ k = \omega\sqrt{\varepsilon\mu} \end{cases} \qquad (2\text{-}8)$$

式（2-8）就是不含时间因子的时谐电场强度矢量满足的波动方程，在不至于混淆的情况下 $\boldsymbol{E}_0$ 用 $\boldsymbol{E}$ 来表示。

由前面的推导可知：在无源、均匀、各向同性介质中，对于时谐电磁场（时间因子为 $\mathrm{e}^{-\mathrm{i}\omega t}$），电场强度 $\boldsymbol{E}$ 和磁场强度 $\boldsymbol{H}$ 满足相同的矢量微分方程：

$$\begin{cases} \nabla^2\boldsymbol{E} + k^2\boldsymbol{E} = 0 \\ \nabla^2\boldsymbol{H} + k^2\boldsymbol{H} = 0 \end{cases} \qquad (2\text{-}9)$$

式中，$k^2 = \omega^2\mu\varepsilon + \mathrm{i}\sigma\mu\omega$，$\varepsilon$、$\mu$、$\sigma$ 分别为介质的介电常数、磁导率和电导率，或者 $k = \dfrac{2\pi}{\lambda}\tilde{n}$，$\lambda$ 为电磁波在自由空间的波长，$\tilde{n}$ 为介质相对于自由空间的折射率。

电场强度 $\boldsymbol{E}$ 和磁场强度 $\boldsymbol{H}$ 有如下关系：

$$\boldsymbol{E} = \frac{\mathrm{i}\omega\mu}{k^2}\nabla \times \boldsymbol{H}, \quad \boldsymbol{H} = \frac{1}{\mathrm{i}\omega\mu}\nabla \times \boldsymbol{E} \qquad (2\text{-}10)$$

为了求式（2-9）的基本解，Stratton 引入了标量函数 ψ 和任一常矢量 $\boldsymbol{a}$（在球坐标系、椭球坐标系中为位置矢径 $\boldsymbol{R}$），构造出了满足式（2-9）的三个矢量波函数：

$$\boldsymbol{L} = \nabla\psi, \quad \boldsymbol{M} = \nabla \times (\boldsymbol{a}\psi), \quad \boldsymbol{N} = \frac{1}{k}\nabla \times \boldsymbol{M} \qquad (2\text{-}11)$$

式中，ψ 满足相应的标量波动方程，即

$$\nabla^2\psi + k^2\psi = 0 \qquad (2\text{-}12)$$

由式（2-11）不难得出，矢量波函数 M 也可写为

$$M = L \times a = \frac{1}{k}\nabla \times N \tag{2-13}$$

由式（2-11）和式（2-13）可知，对于矢量波函数 M 和 N，每一个都与另一个的旋度成正比，结合式（2-6）可以看出，它们非常适合用来表示电场强度 E 和磁场强度 H。

与式（2-12）中的每个特征函数 ψ_n（下标 n 表示与特征函数对应的特征值，需要结合不同的问题取值）相对应的有三个矢量波函数，即 L_n、M_n 和 N_n，它们彼此是线性无关的，并且在一些常用正交坐标系中存在一定的正交关系，构成了一个完备的正交系，所以满足式（2-9）的矢量解均可用 L_n、M_n 和 N_n 的线性叠加表示。对于无散场，展开式中只需包含 M_n 和 N_n，本章所讨论的散射问题就属于这种情况。

2.1.2 球坐标系中的矢量波函数

在与任意直角坐标系 $Oxyz$ 对应的球坐标系 (R, θ, φ) 中，式（2-12）可写为

$$\frac{1}{R^2}\frac{\partial}{\partial R}\left(R^2\frac{\partial \psi}{\partial R}\right) + \frac{1}{R^2\sin\theta}\frac{\partial}{\partial \theta}\left(\sin\theta\frac{\partial \psi}{\partial \theta}\right) + \frac{1}{R^2\sin^2\theta}\frac{\partial^2 \psi}{\partial \varphi^2} + k^2\psi = 0 \tag{2-14}$$

采用分离变量法求解式（2-14），可得到特征解为

$$\begin{cases} \psi_{eml} = z_l(kR)\mathrm{P}_l^m(\cos\theta)\cos(m\varphi) \\ \psi_{oml} = z_l(kR)\mathrm{P}_l^m(\cos\theta)\sin(m\varphi) \end{cases} \tag{2-15}$$

式中，ψ 有三个下标，其中 o 或 e 表示 φ 的奇偶性，m 和 l 表示与特征解对应的两个特征值；$z_l(kR)$ 为四类球贝塞尔函数 $\mathrm{j}_l(kR)$、$\mathrm{n}_l(kR)$、$\mathrm{h}_l^{(1)}(kR)$ 及 $\mathrm{h}_l^{(2)}(kR)$ 中的一类；$\mathrm{P}_l^m(\cos\theta)$ 为连带勒让德函数。把式（2-15）代入式（2-11），可得球矢量波函数的具体表示形式为

$$\boldsymbol{M}_{eml}(kR,\theta,\varphi) = -\frac{m}{\sin\theta}z_l(kR)\mathrm{P}_l^m(\cos\theta)\sin(m\varphi)\boldsymbol{\theta} - z_l(kR)\frac{\mathrm{dP}_l^m(\cos\theta)}{\mathrm{d}\theta}\cos(m\varphi)\boldsymbol{\varphi}$$

$$(2\text{-}16)$$

$$\boldsymbol{M}_{oml}(kR,\theta,\varphi) = \frac{m}{\sin\theta}z_l(kR)\mathrm{P}_l^m(\cos\theta)\cos(m\varphi)\boldsymbol{\theta} - z_l(kR)\frac{\mathrm{dP}_l^m(\cos\theta)}{\mathrm{d}\theta}\sin(m\varphi)\boldsymbol{\varphi}$$

$$(2\text{-}17)$$

$$\boldsymbol{N}_{eml}(kR,\theta,\varphi) = \frac{z_l(kR)}{kR}l(l+1)\mathrm{P}_l^m(\cos\theta)\cos(m\varphi)\boldsymbol{R} +$$
$$\frac{1}{kR}\frac{\mathrm{d}}{\mathrm{d}(kR)}[kRz_l(kR)]\frac{\mathrm{dP}_l^m(\cos\theta)}{\mathrm{d}\theta}\cos(m\varphi)\boldsymbol{\theta} - \qquad(2\text{-}18)$$
$$m\frac{1}{kR}\frac{\mathrm{d}}{\mathrm{d}(kR)}[kRz_l(kR)]\frac{\mathrm{P}_l^m(\cos\theta)}{\sin\theta}\sin(m\varphi)\boldsymbol{\varphi}$$

$$\boldsymbol{N}_{oml}(kR,\theta,\varphi) = \frac{z_l(kR)}{kR}l(l+1)\mathrm{P}_l^m(\cos\theta)\sin(m\varphi)\boldsymbol{R} +$$
$$\frac{1}{kR}\frac{\mathrm{d}}{\mathrm{d}(kR)}[kRz_l(kR)]\frac{\mathrm{dP}_l^m(\cos\theta)}{\mathrm{d}\theta}\sin(m\varphi)\boldsymbol{\theta} + \qquad(2\text{-}19)$$
$$m\frac{1}{kR}\frac{\mathrm{d}}{\mathrm{d}(kR)}[kRz_l(kR)]\frac{\mathrm{P}_l^m(\cos\theta)}{\sin\theta}\cos(m\varphi)\boldsymbol{\varphi}$$

它们之间满足如下的正交关系：

$$\int_0^{2\pi}\int_0^{\pi}\boldsymbol{M}_{eml}\cdot\boldsymbol{M}_{om'l'}\sin\theta\mathrm{d}\theta\mathrm{d}\varphi = \int_0^{2\pi}\int_0^{\pi}\boldsymbol{N}_{eml}\cdot\boldsymbol{N}_{om'l'}\sin\theta\mathrm{d}\theta\mathrm{d}\varphi = 0 \quad(2\text{-}20)$$

$$\int_0^{2\pi}\int_0^{\pi}\boldsymbol{M}_{eml}\cdot\boldsymbol{N}_{em'l'}\sin\theta\mathrm{d}\theta\mathrm{d}\varphi = \int_0^{2\pi}\int_0^{\pi}\boldsymbol{M}_{oml}\cdot\boldsymbol{N}_{om'l'}\sin\theta\mathrm{d}\theta\mathrm{d}\varphi = 0 \quad(2\text{-}21)$$

$$\int_0^{2\pi}\int_0^{\pi}\boldsymbol{M}_{eml}\cdot\boldsymbol{N}_{om'l'}\sin\theta\mathrm{d}\theta\mathrm{d}\varphi = \int_0^{2\pi}\int_0^{\pi}\boldsymbol{M}_{oml}\cdot\boldsymbol{N}_{em'l'}\sin\theta\mathrm{d}\theta\mathrm{d}\varphi = 0 \quad(2\text{-}22)$$

$$\int_0^{2\pi}\int_0^{\pi}\boldsymbol{M}_{eml}\cdot\boldsymbol{M}_{om'l'}\sin\theta\mathrm{d}\theta\mathrm{d}\varphi = \int_0^{2\pi}\int_0^{\pi}\boldsymbol{N}_{oml}\cdot\boldsymbol{N}_{em'l'}\sin\theta\mathrm{d}\theta\mathrm{d}\varphi = 0, \quad m\neq m',\ l\neq l'$$

$$(2\text{-}23)$$

$$\int_0^{2\pi}\int_0^{\pi}\boldsymbol{M}_{emn}\cdot\boldsymbol{M}_{emn}\sin\theta\mathrm{d}\theta\mathrm{d}\varphi = \int_0^{2\pi}\int_0^{\pi}\boldsymbol{M}_{omn}\cdot\boldsymbol{M}_{omn}\sin\theta\mathrm{d}\theta\mathrm{d}\varphi$$
$$= (1+\delta_{m0})\frac{2\pi}{2n+1}\frac{(n+m)!}{(n-m)!}n(n+1)[z_n(kR)]^2 \qquad(2\text{-}24)$$

$$\int_0^{2\pi} \int_0^{\pi} \mathbf{N}_{emn} \cdot \mathbf{N}_{emn} \sin\theta \mathrm{d}\theta \mathrm{d}\varphi = \int_0^{2\pi} \int_0^{\pi} \mathbf{N}_{omn} \cdot \mathbf{N}_{omn} \sin\theta \mathrm{d}\theta \mathrm{d}\varphi$$

$$= (1+\delta_{m0}) \frac{2\pi}{(2n+1)^2} \frac{(n+m)!}{(n-m)!} n(n+1) \qquad (2\text{-}25)$$

$$\left\{ (n+1)\left[z_{n-1}(kR)\right]^2 + n\left[z_{n+1}(kR)\right]^2 \right\}$$

2.1.3 圆柱坐标系中的矢量波函数

标量波动方程 $\nabla^2 \psi + k^2 \psi = 0$ 在圆柱坐标系中可以写为

$$\frac{1}{r}\frac{\partial}{\partial r}\left(r\frac{\partial \psi}{\partial r} \right) + \frac{1}{r^2}\frac{\partial^2 \psi}{\partial \varphi^2} + \frac{\partial^2 \psi}{\partial z^2} + k^2 \psi = 0 \qquad (2\text{-}26)$$

采用分离变量法求解，ψ 的本征解的通解形式一般可写为

$$\psi_{m\lambda}^{(j)} = \mathrm{Z}_l^{(j)}(\lambda r) \mathrm{e}^{\mathrm{i}m\varphi} \mathrm{e}^{\mathrm{i}hz} \qquad (2\text{-}27)$$

式中，$j = 1,2,3,4$，分别对应 $\mathrm{Z}_l^{(j)}(\lambda r)$ 取一至四类贝塞尔函数 $\mathrm{J}_l(\lambda r)$、$\mathrm{N}_l(\lambda r)$、$\mathrm{H}_l^{(1)}(\lambda r)$、$\mathrm{H}_l^{(2)}(\lambda r)$。

设常矢量 $\boldsymbol{a}$ 取 z 轴正方向单位矢量 $\boldsymbol{z}$，ψ 取本征解 $\psi_{m\lambda}^{(j)}$，Stratton 定义并给出了圆柱矢量波函数：

$$\boldsymbol{m}_{m\lambda}^{(1)}\mathrm{e}^{\mathrm{i}hz} = \overline{\boldsymbol{m}_{m\lambda}}\mathrm{e}^{\mathrm{i}hz}\mathrm{e}^{\mathrm{i}m\varphi} = \left[\frac{\mathrm{i}m}{r}\mathrm{J}_l(\lambda r)\boldsymbol{r} - \frac{\partial}{\partial r}\mathrm{J}_l(\lambda r)\boldsymbol{\varphi} \right]\mathrm{e}^{\mathrm{i}hz}\mathrm{e}^{\mathrm{i}m\varphi} \qquad (2\text{-}28)$$

$$\boldsymbol{n}_{m\lambda}^{(1)}\mathrm{e}^{\mathrm{i}hz} = \overline{\boldsymbol{n}_{m\lambda}}\mathrm{e}^{\mathrm{i}hz}\mathrm{e}^{\mathrm{i}m\varphi} = \left[\frac{\mathrm{i}h}{k}\frac{\partial}{\partial r}\mathrm{J}_l(\lambda r)\boldsymbol{r} - \frac{hm}{kr}\mathrm{J}_l(\lambda r)\boldsymbol{\varphi} + \frac{\lambda^2}{k}\mathrm{J}_l(\lambda r)\boldsymbol{z} \right]\mathrm{e}^{\mathrm{i}hz}\mathrm{e}^{\mathrm{i}m\varphi} \qquad (2\text{-}29)$$

式中，$\lambda^2 + h^2 = k^2$，常表示为 $\lambda = k\sin\zeta$，$h = k\cos\zeta$。可推导出圆柱矢量波函数有如下的正交关系：

$$\int_0^{2\pi} \overline{\boldsymbol{m}_{m\lambda}}\mathrm{e}^{\mathrm{i}hz}\mathrm{e}^{\mathrm{i}m\varphi} \cdot \overline{\boldsymbol{n}_{m'\lambda}}\mathrm{e}^{-\mathrm{i}hz}\mathrm{e}^{-\mathrm{i}m'\varphi}\mathrm{d}\varphi = 0 \qquad (2\text{-}30)$$

$$\int_0^{2\pi} \overline{\boldsymbol{m}_{m\lambda}}\mathrm{e}^{\mathrm{i}hz}\mathrm{e}^{\mathrm{i}m\varphi} \cdot \overline{\boldsymbol{m}_{m'\lambda}}\mathrm{e}^{-\mathrm{i}hz}\mathrm{e}^{-\mathrm{i}m'\varphi}\mathrm{d}\varphi = \int_0^{2\pi} \overline{\boldsymbol{n}_{m\lambda}}\mathrm{e}^{\mathrm{i}hz}\mathrm{e}^{\mathrm{i}m\varphi} \cdot \overline{\boldsymbol{n}_{m'\lambda}}\mathrm{e}^{-\mathrm{i}hz}\mathrm{e}^{-\mathrm{i}m'\varphi}\mathrm{d}\varphi = 0, \quad m \neq m'$$

$$(2\text{-}31)$$

$$\int_0^{2\pi} \overline{\boldsymbol{m}_{m\lambda}} \mathrm{e}^{\mathrm{i}hz} \mathrm{e}^{\mathrm{i}m\varphi} \cdot \overline{\boldsymbol{m}_{m\lambda}} \mathrm{e}^{-\mathrm{i}hz} \mathrm{e}^{-\mathrm{i}m\varphi} \mathrm{d}\varphi = -2\pi\lambda^2 \mathrm{J}_{l+1}(\lambda r)\mathrm{J}_{l-1}(\lambda r) \qquad (2\text{-}32)$$

$$\int_0^{2\pi} \overline{\boldsymbol{n}_{m\lambda}} \mathrm{e}^{\mathrm{i}hz} \mathrm{e}^{\mathrm{i}m\varphi} \cdot \overline{\boldsymbol{n}_{m\lambda}} \mathrm{e}^{-\mathrm{i}hz} \mathrm{e}^{-\mathrm{i}m\varphi} \mathrm{d}\varphi = 2\pi\left\{ \frac{h^2}{k^2}\lambda^2 \mathrm{J}_{l+1}(\lambda r)\mathrm{J}_{l-1}(\lambda r) + \frac{\lambda^2}{k^2}\lambda^2[\mathrm{J}_l(\lambda r)]^2 \right\}$$

$$(2\text{-}33)$$

2.2　规则形状粒子的平面波散射理论

有关散射问题的基本理论主要有瑞利散射理论和米氏散射理论等。瑞利散射理论主要用于粒子尺寸远远小于波长的情况，而米氏散射理论可用于粒子尺寸与波长相当的情况。本节主要阐述米氏散射理论，并对椭球形粒子、圆柱形粒子对平面波的散射进行简单介绍。

2.2.1　米氏散射理论

100 多年前 Mie 给出了均匀各向同性介质球对平面电磁波散射的精确解。本节只对米氏散射理论进行简单介绍，详细理论推导可参考相关书籍。如图 2-1 所示，一束平面波入射到一个球形粒子，考虑平面波沿 z 轴方向入射，电场强度矢量沿 x 轴方向极化，即

$$\boldsymbol{E}_{\mathrm{i}} = \boldsymbol{x} E_0 \mathrm{e}^{\mathrm{i}kR\cos\theta} \qquad (2\text{-}34)$$

$$\boldsymbol{H}_{\mathrm{i}} = \boldsymbol{y} \frac{E_0}{\eta_0} \mathrm{e}^{\mathrm{i}kR\cos\theta} \qquad (2\text{-}35)$$

式中，下标 i 表示入射；η_0 为自由空间的特征阻抗。

散射场可用第三类球矢量波函数展开，即

$$\boldsymbol{E}_{\mathrm{s}} = E_0 \sum_{l=1}^{\infty} \sum_{m=-l}^{l} \left(a_{ml} \boldsymbol{M}_{ml}^{(3)}(kR) + b_{ml} \boldsymbol{N}_{ml}^{(3)}(kR) \right) \qquad (2\text{-}36)$$

$$\boldsymbol{H}_{\mathrm{s}} = -\mathrm{i}\frac{E_0}{\eta_0}\sum_{l=1}^{\infty}\sum_{m=-l}^{l}\left(a_{ml}\boldsymbol{N}_{ml}^{(3)}(kR) + b_{ml}\boldsymbol{M}_{ml}^{(3)}(kR)\right) \tag{2-37}$$

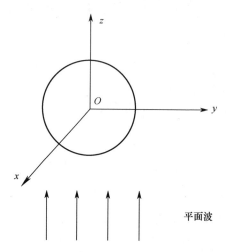

平面波

图 2-1　球形粒子对平面波散射的示意图

球形粒子内场可展开为

$$\boldsymbol{E}_1 = E_0\sum_{l=1}^{\infty}\sum_{m=-l}^{l}\left(c_{ml}\boldsymbol{M}_{ml}^{(1)}(k'R) + d_{ml}\boldsymbol{N}_{ml}^{(1)}(k'R)\right) \tag{2-38}$$

$$\boldsymbol{H}_1 = -\mathrm{i}\frac{E_0}{\eta'}\sum_{l=1}^{\infty}\sum_{m=-l}^{l}\left(c_{ml}\boldsymbol{N}_{ml}^{(1)}(k'R) + d_{ml}\boldsymbol{M}_{ml}^{(1)}(k'R)\right) \tag{2-39}$$

式（2-36）～式（2-39）中，下标 s、1 分别表示散射场和内场；a_{ml}、b_{ml} 与 c_{ml}、d_{ml} 分别为散射场和内场的展开系数；$\boldsymbol{M}_{ml} = \boldsymbol{M}_{eml} + \mathrm{i}\boldsymbol{M}_{oml}$ 和 $\boldsymbol{N}_{ml} = \boldsymbol{N}_{eml} + \mathrm{i}\boldsymbol{N}_{oml}$ 为球矢量波函数；$k' = k\tilde{n}$，$\eta' = \dfrac{k'}{\omega\mu'}$，其中 $\tilde{n}$、μ' 分别为球介质相对于自由空间的折射率和磁导率。

球形粒子表面的电磁场边界条件也可等价地表示为

$$\begin{aligned}\boldsymbol{R}\times(\boldsymbol{E}_{\mathrm{s}}+\boldsymbol{E}_{\mathrm{i}}) &= \boldsymbol{R}\times\boldsymbol{E}_1 \\ \boldsymbol{R}\times(\boldsymbol{H}_{\mathrm{s}}+\boldsymbol{H}_{\mathrm{i}}) &= \boldsymbol{R}\times\boldsymbol{H}_1\end{aligned},\ R = R_1 \tag{2-40}$$

式中，R 为球形粒子表面的外法向单位矢量；R_1 为球形粒子的半径。

把散射场、内场和入射场代入式（2-40）可得

$$R \times \sum_{l=1}^{\infty} \sum_{m=-l}^{l} \left(a_{ml} \boldsymbol{M}_{ml}^{(3)}(kR_1) + b_{ml} \boldsymbol{N}_{ml}^{(3)}(kR_1) \right) + R \times x \mathrm{e}^{\mathrm{i}kR_1\cos\theta}$$
$$= R \times \sum_{l=1}^{\infty} \sum_{m=-l}^{l} \left(c_{ml} \boldsymbol{M}_{ml}^{(1)}(k'R_1) + d_{ml} \boldsymbol{N}_{ml}^{(1)}(k'R_1) \right) \tag{2-41}$$

$$R \times \sum_{l=1}^{\infty} \sum_{m=-l}^{l} \left(a_{ml} \boldsymbol{N}_{ml}^{(3)}(kR_1) + b_{ml} \boldsymbol{M}_{ml}^{(3)}(kR_1) \right) + R \times y \mathrm{e}^{\mathrm{i}kR_1\cos\theta}$$
$$= \frac{\eta_0}{\eta'} R \times \sum_{l=1}^{\infty} \sum_{m=-l}^{l} \left(c_{ml} \boldsymbol{N}_{ml}^{(1)}(k'R_1) + d_{ml} \boldsymbol{M}_{ml}^{(1)}(k'R_1) \right) \tag{2-42}$$

已知球面函数 $Y_l^m = P_l^m(\cos\theta)\mathrm{e}^{\mathrm{i}m\varphi}$，在此基础上可以定义球面矢量函数：

$$\boldsymbol{m}_{ml} = \nabla \times (R Y_l^m) = \left[\mathrm{i}m \frac{P_l^m(\cos\theta)}{\sin\theta} \boldsymbol{\theta} - \frac{\mathrm{d}P_l^m(\cos\theta)}{\mathrm{d}\theta} \boldsymbol{\varphi} \right] \mathrm{e}^{\mathrm{i}m\varphi} \tag{2-43}$$

$$\boldsymbol{n}_{ml} = R\nabla Y_l^m = \left[\frac{\mathrm{d}P_l^m(\cos\theta)}{\mathrm{d}\theta} \boldsymbol{\theta} + \mathrm{i}m \frac{P_l^m(\cos\theta)}{\sin\theta} \boldsymbol{\varphi} \right] \mathrm{e}^{\mathrm{i}m\varphi} \tag{2-44}$$

在式（2-43）和式（2-44）两边分别点乘球面矢量函数 $\boldsymbol{n}_{-ml'}$ 和 $\boldsymbol{m}_{-ml'}$，并在球形粒子表面求面积分，可得如下关系式：

$$a_{ml}\mathrm{h}_l^{(1)}(kR_1) - c_{ml}\mathrm{j}_l(k'R_1)$$
$$= -\frac{1}{2\pi E_0(-1)^m l(l+1)\dfrac{2}{2l+1}} \int_0^\pi \int_0^{2\pi} \boldsymbol{E}_\mathrm{i}\Big|_{R=R_1} \times \boldsymbol{n}_{-ml} \cdot R \sin\theta \mathrm{d}\theta \mathrm{d}\varphi \tag{2-45}$$

$$b_{ml} \frac{1}{kR_1} \frac{\mathrm{d}}{\mathrm{d}(kR_1)}[kR_1 \mathrm{h}_l^{(1)}(kR_1)] - d_{ml} \frac{1}{k'R_1} \frac{\mathrm{d}}{\mathrm{d}(k'R_1)}[k'R_1 \mathrm{j}_l(k'R_1)]$$
$$= -\frac{1}{2\pi E_0(-1)^{m+1} l(l+1)\dfrac{2}{2l+1}} \int_0^\pi \int_0^{2\pi} \boldsymbol{E}_\mathrm{i}\Big|_{R=R_1} \times \boldsymbol{m}_{-ml} \cdot R \sin\theta \mathrm{d}\theta \mathrm{d}\varphi \tag{2-46}$$

$$a_{ml} \frac{1}{kR_1} \frac{\mathrm{d}}{\mathrm{d}(kR_1)}[kR_1 \mathrm{h}_l^{(1)}(kR_1)] - c_{ml} \frac{\eta_0}{\eta'} \frac{1}{k'R_1} \frac{\mathrm{d}}{\mathrm{d}(k'R_1)}[k'R_1 \mathrm{j}_l(k'R_1)]$$

$$= \frac{-\mathrm{i}}{2\pi E_0 (-1)^{m+1} l(l+1) \frac{2}{2l+1}} \int_0^\pi \int_0^{2\pi} \eta_0 \boldsymbol{H}_i \big|_{R=R_1} \times \boldsymbol{m}_{-ml} \cdot \boldsymbol{R} \sin\theta \mathrm{d}\theta \mathrm{d}\varphi \qquad (2\text{-}47)$$

$$b_{ml} \mathrm{h}_l^{(1)}(kR_1) - d_{ml} \frac{\eta_0}{\eta'} \mathrm{j}_l(k'R_1)$$

$$= \frac{-\mathrm{i}}{2\pi E_0 (-1)^m l(l+1) \frac{2}{2l+1}} \int_0^\pi \int_0^{2\pi} \eta_0 \boldsymbol{H}_i \big|_{R=R_1} \times \boldsymbol{n}_{-ml} \cdot \boldsymbol{R} \sin\theta \mathrm{d}\theta \mathrm{d}\varphi \qquad (2\text{-}48)$$

在推导式（2-45）至式（2-48）时，用到了如下关系式：

$$\int_0^\pi \left[\frac{\mathrm{d}P_l^{-m}(\cos\theta)}{\mathrm{d}\theta} \frac{\mathrm{d}P_{l'}^m(\cos\theta)}{\mathrm{d}\theta} + m^2 \frac{P_l^{-m}(\cos\theta)}{\sin\theta} \frac{P_{l'}^m(\cos\theta)}{\sin\theta} \right] \sin\theta \mathrm{d}\theta$$

$$= \begin{cases} 0, & l' \neq l \\ (-1)^m l(l+1) \dfrac{2}{2l+1}, & l' = l \end{cases} \qquad (2\text{-}49)$$

$$\int_0^\pi m \left[\frac{\mathrm{d}P_l^{-m}(\cos\theta)}{\mathrm{d}\theta} \frac{P_{l'}^m(\cos\theta)}{\sin\theta} + \frac{P_l^{-m}(\cos\theta)}{\sin\theta} \frac{\mathrm{d}P_{l'}^m(\cos\theta)}{\mathrm{d}\theta} \right] \sin\theta \mathrm{d}\theta = 0 \qquad (2\text{-}50)$$

式（2-45）至式（2-48）等号右边的球面积分可用数值积分方法来进行计算。以电场强度为例，面积分的表达式为

$$\int_0^\pi \int_0^{2\pi} \boldsymbol{E}_i \times \boldsymbol{m}_{-ml} \cdot \boldsymbol{R} \sin\theta \mathrm{d}\theta \mathrm{d}\varphi$$

$$= -\int_0^\pi \int_0^{2\pi} \left(E_{i\theta} \frac{\mathrm{d}P_l^{-m}(\cos\theta)}{\mathrm{d}\theta} + E_{i\varphi} \mathrm{i}(-m) \frac{P_l^{-m}(\cos\theta)}{\sin\theta} \right) \mathrm{e}^{-\mathrm{i}m\varphi} \sin\theta \mathrm{d}\theta \mathrm{d}\varphi \qquad (2\text{-}51)$$

$$\int_0^\pi \int_0^{2\pi} \boldsymbol{E}_i \times \boldsymbol{n}_{-ml} \cdot \boldsymbol{R} \sin\theta \mathrm{d}\theta \mathrm{d}\varphi$$

$$= \int_0^\pi \int_0^{2\pi} \left(E_{i\theta} \mathrm{i}(-m) \frac{P_l^{-m}(\cos\theta)}{\sin\theta} - E_{i\varphi} \frac{\mathrm{d}P_l^{-m}(\cos\theta)}{\mathrm{d}\theta} \right) \mathrm{e}^{-\mathrm{i}m\varphi} \sin\theta \mathrm{d}\theta \mathrm{d}\varphi \qquad (2\text{-}52)$$

对于式（2-34）、式（2-35）所表示的入射平面波，式（2-51）和式（2-52）有解析的关系式，式（2-51）可表示为

$$\int_0^\pi \int_0^{2\pi} \boldsymbol{E}_i \times \boldsymbol{m}_{-ml} \cdot \boldsymbol{R} \sin\theta \mathrm{d}\theta \mathrm{d}\varphi$$

$$= -\int_0^\pi \mathrm{e}^{\mathrm{i}kR_1\cos\theta}\sin\theta\mathrm{d}\theta \int_0^{2\pi}\left(\cos\theta\cos\varphi\frac{\mathrm{d}P_l^{-m}(\cos\theta)}{\mathrm{d}\theta} + \mathrm{i}(\sin\varphi)m\frac{P_l^{-m}(\cos\theta)}{\sin\theta}\right)\mathrm{e}^{-\mathrm{i}m\varphi}\mathrm{d}\varphi$$

$$(2\text{-}53)$$

只有当 $m=\pm 1$ 时，式（2-51）才不为零。当 $m=1$ 时，式（2-51）为

$$\pi\frac{1}{l(l+1)}\int_0^\pi \mathrm{e}^{\mathrm{i}kR_1\cos\theta}\left(\cos\theta\frac{\mathrm{d}P_l^1(\cos\theta)}{\mathrm{d}\theta} + \frac{P_l^1(\cos\theta)}{\sin\theta}\right)\sin\theta\mathrm{d}\theta \qquad (2\text{-}54)$$

由递推关系式

$$\frac{\mathrm{d}P_l^1(\cos\theta)}{\mathrm{d}\theta} = \frac{1}{2}[l(l+1)P_l(\cos\theta) - P_l^2(\cos\theta)] \qquad (2\text{-}55)$$

$$\frac{P_l^1(\cos\theta)}{\sin\theta} = \frac{1}{2}\cos\theta[l(l+1)P_l(\cos\theta) + P_l^2(\cos\theta)] + (\sin\theta)P_l^1(\cos\theta) \qquad (2\text{-}56)$$

式（2-54）可化为

$$\pi\frac{1}{l(l+1)}\int_0^\pi \mathrm{e}^{\mathrm{i}kR_1\cos\theta}[l(l+1)P_l(\cos\theta)\cos\theta + \sin\theta P_l^1(\cos\theta)]\sin\theta\mathrm{d}\theta \qquad (2\text{-}57)$$

由递推关系式

$$(2l+1)\cos\theta P_l(\cos\theta) = (l+1)P_{l+1}(\cos\theta) + lP_{l-1}(\cos\theta) \qquad (2\text{-}58)$$

$$\sin\theta P_l^1(\cos\theta) = (l+1)\cos\theta P_l(\cos\theta) - (l+1)P_{l+1}(\cos\theta) \qquad (2\text{-}59)$$

式（2-57）可化为

$$\pi\int_0^\pi \mathrm{e}^{\mathrm{i}kR_1\cos\theta}\frac{1}{2l+1}[lP_{l+1}(\cos\theta) + (l+1)P_{l-1}(\cos\theta)]\sin\theta\mathrm{d}\theta \qquad (2\text{-}60)$$

已知 $\mathrm{e}^{\mathrm{i}kR_1\cos\theta} = \sum\limits_{l'=0}^{\infty}\mathrm{i}^{l'}(2l'+1)\mathrm{j}_{l'}(kR_1)P_{l'}(\cos\theta)$，将其代入式（2-60）可得

$$\pi \sum_{l'=0}^{\infty} i^{l'} (2l'+1) j_{l'}(kR_1) \int_0^{\pi} \frac{1}{2l+1} [lP_{l+1}(\cos\theta) + (l+1)P_{l-1}(\cos\theta)] P_{l'}(\cos\theta) \sin\theta d\theta$$

（2-61）

由 $P_l(\cos\theta)$ 的正交性，式（2-60）可化为

$$\pi i^{l-1} \frac{2}{2l+1} [(l+1) j_{l-1}(kR_1) - l j_{l+1}(kR_1)] = 2\pi i^{l-1} \frac{1}{kR_1} \frac{d[kR_1 j_l(kR_1)]}{kR_1} \quad (2\text{-}62)$$

同样地，当 $m=-1$ 时，式（2-53）可化为

$$\int_0^{\pi} \int_0^{2\pi} e^{ikR_1\cos\theta} \boldsymbol{x} \times \boldsymbol{m}_{-ml} \cdot \boldsymbol{R} \sin\theta d\theta d\varphi = \frac{1}{kR_1} \frac{d[kR_1 j_l(kR_1)]}{kR_1} A_{ml}, \quad A_{ml} = \begin{cases} 2\pi i^{l-1} l(l+1), & m=-1 \\ 2\pi i^{l-1}, & m=1 \\ 0, & m \neq \pm 1 \end{cases}$$

（2-63）

式（2-52）可表示为

$$\int_0^{\pi} \int_0^{2\pi} \boldsymbol{E}_i \times \boldsymbol{n}_{-ml} \cdot \boldsymbol{R} \sin\theta d\theta d\varphi$$

$$= -\int_0^{\pi} e^{ikR_1\cos\theta} \sin\theta d\theta \int_0^{2\pi} \left[\cos\theta(\cos\varphi) \operatorname{Im} \frac{P_l^{-m}(\cos\theta)}{\sin\theta} - \sin\varphi \frac{dP_l^{-m}(\cos\theta)}{d\theta} \right] e^{-im\varphi} d\varphi$$

（2-64）

当 $m=1$ 时，式（2-64）可化为

$$i\pi \frac{1}{l(l+1)} \int_0^{\pi} e^{ikR_1\cos\theta} \left(\cos\theta \frac{P_l^1(\cos\theta)}{\sin\theta} + \frac{dP_l^1(\cos\theta)}{d\theta} \right) \sin\theta d\theta \quad (2\text{-}65)$$

考虑式（2-55）和关系式

$$\frac{\cos\theta}{\sin\theta} P_l^1(\cos\theta) = \frac{1}{2} [l(l+1) P_l(\cos\theta) + P_l^2(\cos\theta)] \quad (2\text{-}66)$$

可以将式（2-65）写为

$$\int_0^\pi \int_0^{2\pi} \mathrm{e}^{\mathrm{i}kR_1\cos\theta} \boldsymbol{x} \times \boldsymbol{n}_{-ml} \cdot \boldsymbol{R} \sin\theta \mathrm{d}\theta \mathrm{d}\varphi = -\mathrm{j}_l(kR_1) A_{ml} \qquad (2\text{-}67)$$

同理可求得

$$\int_0^\pi \int_0^{2\pi} \mathrm{e}^{\mathrm{i}kR_1\cos\theta} \boldsymbol{y} \times \boldsymbol{m}_{-ml} \cdot \boldsymbol{R} \sin\theta \mathrm{d}\theta \mathrm{d}\varphi = -\mathrm{i}\frac{1}{kR_1}\frac{\mathrm{d}[kR_1\mathrm{j}_l(kR_1)]}{kR_1} A_{ml} \qquad (2\text{-}68)$$

$$\int_0^\pi \int_0^{2\pi} \mathrm{e}^{\mathrm{i}kR_1\cos\theta} \boldsymbol{y} \times \boldsymbol{n}_{-ml} \cdot \boldsymbol{R} \sin\theta \mathrm{d}\theta \mathrm{d}\varphi = \mathrm{ij}_l(kR_1) A_{ml} \qquad (2\text{-}69)$$

把式（2-63）、式（2-67）至式（2-69）代入式（2-45）至式（2-48）可得到关于散射场和内场展开系数的方程组，进而求解。关于平面波，本书给出了计算微分散射截面的程序。其实，式（2-45）至式（2-48）适用于任意的入射波束，在程序中只需把平面波换成相应波束即可，此时 m 一般不再限于取 -1 和 1。

应用第三类球矢量波函数在 $kR \to \infty$ 时的渐近表达式，可定义如下的微分散射截面：

$$\sigma(\theta,\varphi) = 4\pi R^2 \left|\frac{\boldsymbol{E}_\mathrm{s}}{E_0}\right|^2 = \frac{\lambda^2}{\pi}\left(|T_1(\theta,\varphi)|^2 + |T_2(\theta,\varphi)|^2\right) \qquad (2\text{-}70)$$

式中，

$$T_1(\theta,\varphi) = \sum_{m=\pm 1}\sum_{l=|m|}^\infty (-\mathrm{i})^l \left[a_{ml}m\frac{\mathrm{P}_l^m(\cos\theta)}{\sin\theta} + b_{ml}\frac{\mathrm{dP}_l^m(\cos\theta)}{\mathrm{d}\theta}\right]\mathrm{e}^{\mathrm{i}m\varphi} \qquad (2\text{-}71)$$

$$T_2(\theta,\varphi) = \sum_{m=\pm 1}\sum_{l=|m|}^\infty (-\mathrm{i})^n \left[a_{ml}\frac{\mathrm{dP}_l^m(\cos\theta)}{\mathrm{d}\theta} + b_{ml}m\frac{\mathrm{P}_l^m(\cos\theta)}{\sin\theta}\right]\mathrm{e}^{\mathrm{i}m\varphi} \qquad (2\text{-}72)$$

图 2-2 所示为依据式（2-34）和式（2-35）计算得到的平面波入射到球形粒子的归一化微分散射截面 $\dfrac{\pi\sigma(\theta,\varphi)}{\lambda^2}$，其中参数取值为 $\tilde{n}=2$，$R_1=1.5\lambda$。

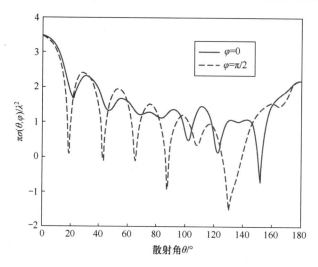

图 2-2　平面波入射到球形粒子的归一化微分散射截面 $\dfrac{\pi\sigma(\theta,\varphi)}{\lambda^2}$

2.2.2　椭球形粒子对平面波的散射

图 2-3 所示为椭球形粒子对平面波散射的示意图。长旋转椭球表面方程为 $\dfrac{z^2}{a^2}+\dfrac{x^2+y^2}{b^2}=1$，扁旋转椭球表面方程为 $\dfrac{x^2+y^2}{a^2}+\dfrac{z^2}{b^2}=1$，其中长半轴 a 大于短半轴 b。平面波入射方向与 z 轴正方向的夹角为 ζ。

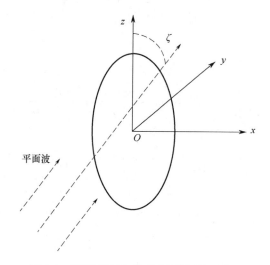

图 2-3　椭球形粒子对平面波散射的示意图

设散射场按式（2-36）和式（2-37）用球矢量波函数展开，椭球形粒子内场按式（2-38）和式（2-39）用球矢量波函数展开。椭球形粒子表面的电磁场边界条件可表示为

$$n \times (E_s + E_i) = n \times E_1 \tag{2-73}$$

$$n \times (H_s + H_i) = n \times H_1 \tag{2-74}$$

式中，n 为椭球形粒子表面的外法向单位矢量。

把式（2-36）至式（2-39）代入式（2-73）和式（2-74），可得

$$
\begin{aligned}
&n \times E_0 \sum_{m=-\infty}^{\infty} \sum_{l=|m|}^{\infty} [a_{ml} M_{ml}^{r(3)}(kR) + b_{ml} N_{ml}^{r(3)}(kR)] + n \times E_i \\
&= n \times E_0 \sum_{m=-\infty}^{\infty} \sum_{l=|m|}^{\infty} [c_{ml} M_{ml}^{r(1)}(k'R) + d_{ml} N_{ml}^{r(1)}(k'R)]
\end{aligned}
\tag{2-75}
$$

$$
\begin{aligned}
&n \times E_0 \sum_{m=-\infty}^{\infty} \sum_{l=|m|}^{\infty} [a_{ml} N_{ml}^{r(3)}(kR) + b_{ml} M_{ml}^{r(3)}(kR)] + \mathrm{i}\eta_0 n \times H_i \\
&= n \times \frac{\eta_0}{\eta'} E_0 \sum_{m=-\infty}^{\infty} \sum_{l=|m|}^{\infty} [c_{ml} N_{ml}^{r(1)}(k'R) + d_{ml} M_{ml}^{r(1)}(k'R)]
\end{aligned}
\tag{2-76}
$$

在式（2-75）和式（2-76）两边分别点乘第一类矢量波函数 $M_{-ml'}^{r(1)}(kR)$ 和 $N_{-ml'}^{r(1)}(kR)$，并在椭球形粒子表面 S 上求面积分（投影法），可得

$$
\begin{aligned}
-\oint_S M_{-ml'}^{r(1)}(kR) \times E_i \cdot n\mathrm{d}S &= E_0 \sum_{l=|m|}^{\infty} [U_{-ml'ml} a_{ml} + V_{-ml'ml} b_{ml}] - \\
&\quad E_0 \sum_{l=|m|}^{\infty} [U_{-ml'ml}^{\mathrm{w}} c_{ml} + V_{-ml'ml}^{\mathrm{w}} d_{ml}]
\end{aligned}
\tag{2-77}
$$

$$
\begin{aligned}
-\oint_S N_{-ml'}^{r(1)}(kR) \times E_i \cdot n\mathrm{d}S &= E_0 \sum_{l=|m|}^{\infty} [K_{-ml'ml} a_{ml} + L_{-ml'ml} b_{ml}] - \\
&\quad E_0 \sum_{l=|m|}^{\infty} [K_{-ml'ml}^{\mathrm{w}} c_{ml} + L_{-ml'ml}^{\mathrm{w}} d_{ml}]
\end{aligned}
\tag{2-78}
$$

$$-\mathrm{i}\eta_0 \oint_S \boldsymbol{M}_{-ml'}^{r(1)}(k) \times \boldsymbol{H}_\mathrm{i} \cdot \boldsymbol{n} \mathrm{d}S = E_0 \sum_{l=|m|}^{\infty}[V_{-ml'ml}a_{ml} + U_{-ml'ml}b_{ml}] -$$

$$E_0 \frac{\eta_0}{\eta'}\sum_{l=|m|}^{\infty}[V_{-ml'ml}^\mathrm{w}c_{ml} + U_{-ml'ml}^\mathrm{w}d_{ml}] \tag{2-79}$$

$$-\mathrm{i}\eta_0 \oint_S \boldsymbol{N}_{-ml'}^{r(1)}(k) \times \boldsymbol{H}_\mathrm{i} \cdot \boldsymbol{n} \mathrm{d}S = E_0 \sum_{l=|m|}^{\infty}[L_{-ml'ml}a_{ml} + K_{-ml'ml}b_{ml}] -$$

$$E_0 \frac{\eta_0}{\eta'}\sum_{l=|m|}^{\infty}[L_{-ml'ml}^\mathrm{w}c_{ml} + K_{-ml'ml}^\mathrm{w}d_{ml}] \tag{2-80}$$

式中，参数取值为

$$U_{-ml'ml} = \oint_S \boldsymbol{M}_{-ml'}^{r(1)}(k) \times \boldsymbol{M}_{ml}^{r(3)}(k) \cdot \boldsymbol{n}\mathrm{d}S \tag{2-81}$$

$$V_{-ml'ml} = \oint_S \boldsymbol{M}_{-ml'}^{r(1)}(k) \times \boldsymbol{N}_{ml}^{r(3)}(k) \cdot \boldsymbol{n}\mathrm{d}S \tag{2-82}$$

$$K_{-ml'ml} = \oint_S \boldsymbol{N}_{-ml'}^{r(1)}(k) \times \boldsymbol{M}_{ml}^{r(3)}(k) \cdot \boldsymbol{n}\mathrm{d}S \tag{2-83}$$

$$L_{-ml'ml} = \oint_S \boldsymbol{N}_{-ml'}^{r(1)}(k) \times \boldsymbol{N}_{ml}^{r(3)}(k) \cdot \boldsymbol{n}\mathrm{d}S \tag{2-84}$$

参数 $U_{-ml'ml}^\mathrm{w}$、$V_{-ml'ml}^\mathrm{w}$、$K_{-ml'ml}^\mathrm{w}$、$L_{-ml'ml}^\mathrm{w}$ 的表达式只需把 $U_{-ml'ml}$、$V_{-ml'ml}$、$K_{-ml'ml}$、$L_{-ml'ml}$ 表达式中的球矢量波函数 $\boldsymbol{M}_{ml}^{r(3)}(kR)$、$\boldsymbol{N}_{ml}^{r(3)}(kR)$ 用 $\boldsymbol{M}_{ml}^{r(1)}(k'R)$、$\boldsymbol{N}_{ml}^{r(1)}(k'R)$ 代替即可。由式（2-77）至式（2-80）组成的方程组可表示为如下矩阵形式：

$$\sum_{l=|m|}^{\infty} \begin{pmatrix} U_{-ml'ml} & V_{-ml'ml} & -U_{-ml'ml}^\mathrm{w} & -V_{-ml'ml}^\mathrm{w} \\ K_{-ml'ml} & L_{-ml'ml} & -K_{-ml'ml}^\mathrm{w} & -L_{-ml'ml}^\mathrm{w} \\ V_{-ml'ml} & U_{-ml'ml} & -\dfrac{\eta_0}{\eta'}V_{-ml'ml}^\mathrm{w} & -\dfrac{\eta_0}{\eta'}U_{-ml'ml}^\mathrm{w} \\ L_{-ml'ml} & K_{-ml'ml} & -\dfrac{\eta_0}{\eta'}L_{-ml'ml}^\mathrm{w} & -\dfrac{\eta_0}{\eta'}K_{-ml'ml}^\mathrm{w} \end{pmatrix} \begin{pmatrix} \alpha_{ml} \\ \beta_{ml} \\ \delta_{ml} \\ \gamma_{ml} \end{pmatrix}$$

$$= \frac{1}{E_0} \begin{pmatrix} -\oint_S \boldsymbol{M}_{-ml'}^{r(1)}(k) \times \boldsymbol{E}_\mathrm{i} \cdot \boldsymbol{n}\mathrm{d}S \\ -\oint_S \boldsymbol{N}_{-ml'}^{r(1)}(k) \times \boldsymbol{E}_\mathrm{i} \cdot \boldsymbol{n}\mathrm{d}S \\ -\mathrm{i}\eta_0\oint_S \boldsymbol{M}_{-ml'}^{r(1)}(k) \times \boldsymbol{H}_\mathrm{i} \cdot \boldsymbol{n}\mathrm{d}S \\ -\mathrm{i}\eta_0\oint_S \boldsymbol{N}_{-ml'}^{r(1)}(k) \times \boldsymbol{H}_\mathrm{i} \cdot \boldsymbol{n}\mathrm{d}S \end{pmatrix} \tag{2-85}$$

在式（2-85）中，设 $\boldsymbol{E}_i$ 和 $\boldsymbol{H}_i$ 是已知的，则等式右边的面积分也是已知的。此时对每个 $m = -M,\ -M+1,\ \cdots,\ M$，取 $l = |m|,\ |m|+1,\ \cdots,\ |m|+N$，以及 $l' = |m|,\ |m|+1,\ \cdots,\ |m|+N$（其中 M 和 N 为截断数），则式（2-85）变成一个包含 $4(N+1)$ 个未知数的方程组。求解方程组可得到散射场和内场的展开系数，进而可求出相应的场分布。

以电场为例，面积分的表达式为

$$\oint_S \boldsymbol{M}_{-ml'}^{r(1)}(k'R) \times \boldsymbol{E}_i \cdot \boldsymbol{n}\mathrm{d}S = \int_0^\pi \sin\theta\mathrm{d}\theta \int_0^{2\pi}\mathrm{d}\varphi \left[\mathrm{i}(-m)\frac{P_{l'}^{-m}(\cos\theta)}{\sin\theta}\mathrm{j}_{l'}(k'R)\mathrm{e}^{-\mathrm{i}m\varphi}E_{i\varphi}R^2 + \right.$$
$$\left. \mathrm{j}_{l'}(k'R)\frac{\mathrm{d}P_{l'}^{-m}(\cos\theta)}{\mathrm{d}\theta}\mathrm{e}^{-\mathrm{i}m\varphi}\left(R\frac{\partial R}{\partial\theta}E_{ir} + R^2E_{i\theta}\right) \right]$$

$$（2\text{-}86）$$

$$\oint_S \boldsymbol{N}_{-ml'}^{r(1)}(k'R) \times \boldsymbol{E}_i \cdot \boldsymbol{n}\mathrm{d}S = \int_0^\pi \sin\theta\mathrm{d}\theta \int_0^{2\pi}\mathrm{d}\varphi \left\{ \frac{\mathrm{j}_{l'}(k'R)}{k'R}l'(l'+1)P_{l'}^{-m}(\cos\theta)\mathrm{e}^{-\mathrm{i}m\varphi}E_{i\varphi}R\frac{\partial R}{\partial\theta} + \right.$$
$$\frac{1}{k'R}\frac{\mathrm{d}}{\mathrm{d}(k'R)}[k'R\mathrm{j}_{l'}(k'R)]\frac{\mathrm{d}P_{l'}^{-m}(\cos\theta)}{\mathrm{d}\theta}\mathrm{e}^{-\mathrm{i}m\varphi}E_{i\varphi}R^2 -$$
$$\left. \mathrm{i}(-m)\frac{P_{l'}^{-m}(\cos\theta)}{\sin\theta}\frac{1}{k'R}\frac{\mathrm{d}}{\mathrm{d}(k'R)}[k'R\mathrm{j}_{l'}(k'R)]\mathrm{e}^{-\mathrm{i}m\varphi}\left(E_{ir}R\frac{\partial R}{\partial\theta} + E_{i\theta}R^2\right) \right\}$$

$$（2\text{-}87）$$

对于长椭球和扁椭球，式（2-86）、式（2-87）中涉及的 $R(\theta) = \dfrac{ab}{\sqrt{b^2\cos^2\theta + a^2\sin^2\theta}}$ 和 $R(\theta) = \dfrac{ab}{\sqrt{a^2\cos^2\theta + b^2\sin^2\theta}}$，读者可自行求出相应的 $\dfrac{\partial R(\theta)}{\partial\theta}$。

上述理论适用于任意入射波，甚至任意轴对称粒子的情况。本书在附录中给出了计算椭球形粒子对平面波散射的 MATLAB 程序。

设入射平面波 $\boldsymbol{E}^i = \boldsymbol{y}E_0\mathrm{e}^{\mathrm{i}k(x\sin\zeta + z\cos\zeta)}$，图 2-4 所示为平面波入射到椭球形

粒子的归一化微分散射截面 $\dfrac{\pi\sigma(\theta,\varphi)}{\lambda^2}$ ，其中参数取值为 $\tilde{n}=2$ ， $a=1.5\lambda$ ，

$a/b=2$ ， $\zeta=\dfrac{\pi}{3}$ 。

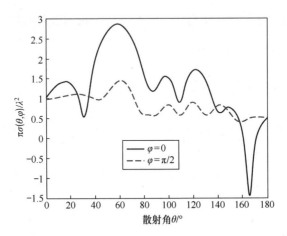

图 2-4　平面波入射到椭球形粒子的归一化微分散射截面 $\dfrac{\pi\sigma(\theta,\varphi)}{\lambda^2}$

2.2.3　圆柱形粒子对平面波的散射

图 2-5 所示为圆柱形粒子对平面波散射的示意图，平面波入射方向与 z 轴正方向的夹角为 ζ 。

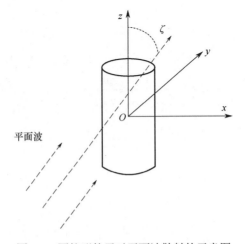

图 2-5　圆柱形粒子对平面波散射的示意图

入射平面波用圆柱矢量波函数展开为

$$\boldsymbol{E}_\mathrm{i} = \boldsymbol{Y} E_0 \, \mathrm{e}^{\mathrm{i}k(x\sin\zeta + z\cos\zeta)} = E_0 \sum_{m=-\infty}^{\infty} \mathrm{i}^{m+1} \frac{\boldsymbol{m}_{m\lambda}^{(1)} \mathrm{e}^{\mathrm{i}hz}}{\lambda} \tag{2-88}$$

$$\boldsymbol{H}_\mathrm{i} = -\mathrm{i} \frac{E_0}{\eta_0} \sum_{m=-\infty}^{\infty} \mathrm{i}^{m+1} \frac{\boldsymbol{n}_{m\lambda}^{(1)} \mathrm{e}^{\mathrm{i}hz}}{\lambda} \tag{2-89}$$

式中，$\lambda = k\sin\zeta$；$h = k\cos\zeta$。

散射场和内场也用圆柱矢量波函数相应地展开，即

$$\boldsymbol{E}_\mathrm{s} = E_0 \sum_{m=-\infty}^{\infty} [a_m \boldsymbol{m}_{m\lambda}^{(1)} \mathrm{e}^{\mathrm{i}hz} + b_m \boldsymbol{n}_{m\lambda}^{(1)} \mathrm{e}^{\mathrm{i}hz}] \tag{2-90}$$

$$\boldsymbol{H}_\mathrm{s} = -\mathrm{i} \frac{E_0}{\eta_0} \sum_{m=-\infty}^{\infty} [a_m \boldsymbol{n}_{m\lambda}^{(1)} \mathrm{e}^{\mathrm{i}hz} + b_m \boldsymbol{m}_{m\lambda}^{(1)} \mathrm{e}^{\mathrm{i}hz}] \tag{2-91}$$

$$\boldsymbol{E}_\mathrm{w} = E_0 \sum_{m=-\infty}^{\infty} [c_m \boldsymbol{m}_{m\lambda'}^{(1)} \mathrm{e}^{\mathrm{i}hz} + d_m \boldsymbol{n}_{m\lambda'}^{(1)} \mathrm{e}^{\mathrm{i}hz}] \tag{2-92}$$

$$\boldsymbol{H}_\mathrm{w} = -\mathrm{i} \frac{E_0}{\eta'} \sum_{m=-\infty}^{\infty} [c_m \boldsymbol{n}_{m\lambda'}^{(1)} \mathrm{e}^{\mathrm{i}hz} + d_m \boldsymbol{m}_{m\lambda'}^{(1)} \mathrm{e}^{\mathrm{i}hz}] \tag{2-93}$$

式中，$k' = k\tilde{n}$、$\eta' = \dfrac{k'}{\omega\mu'}$ 为圆柱介质的波数和特征阻抗；$\lambda' = k\sqrt{\tilde{n}^2 - \cos^2\zeta}$。

电磁场边界条件要求电场和磁场的切向分量在圆柱形粒子表面连续，可表示为

$$\begin{aligned} E_\varphi^\mathrm{i} + E_\varphi^\mathrm{s} = E_\varphi^\mathrm{w}, \quad E_z^\mathrm{i} + E_z^\mathrm{s} = E_z^\mathrm{w} \\ H_\varphi^\mathrm{i} + H_\varphi^\mathrm{s} = H_\varphi^\mathrm{w}, \quad H_z^\mathrm{i} + H_z^\mathrm{s} = H_z^\mathrm{w} \end{aligned} \,, \quad r = r_0 \tag{2-94}$$

式中，r_0 为圆柱横截面的半径；下标 φ、z 分别表示电场和磁场的切向分量。

考虑到指数函数 $\mathrm{e}^{\mathrm{i}m\varphi}$ 的正交性及相位项 $\mathrm{e}^{\mathrm{i}hz}$ 匹配的要求，电磁场边界条件可表示为

$$\xi \frac{\mathrm{d}}{\mathrm{d}\xi} J_m(\xi) \frac{\mathrm{i}^{m+1}}{\lambda} + \xi \frac{\mathrm{d}}{\mathrm{d}\xi} H_m^{(1)}(\xi) a_m(\zeta) + \frac{hm}{k} H_m^{(1)}(\xi) b_m(\zeta)$$

$$= \xi_1 \frac{\mathrm{d}}{\mathrm{d}\xi_1} J_m(\xi_1) c_m(\zeta) + \frac{hm}{k'} J_m(\xi_1) d_m(\zeta) \tag{2-95}$$

$$\xi^2 H_m^{(1)}(\xi) b_m(\zeta) = \xi_1^2 \frac{1}{\tilde{n}} J_m(\xi_1) d_m(\zeta) \tag{2-96}$$

$$\frac{hm}{k} J_m(\xi) \frac{\mathrm{i}^{m+1}}{\lambda} + \xi \frac{\mathrm{d}}{\mathrm{d}\xi} H_m^{(1)}(\xi) b_m(\zeta) + \frac{hm}{k} H_m^{(1)}(\xi) a_m(\zeta)$$

$$= \frac{\eta_0}{\eta'} \left[\xi_1 \frac{\mathrm{d}}{\mathrm{d}\xi_1} J_m(\xi_1) d_m(\zeta) + \frac{hm}{k'} J_m(\xi_1) c_m(\zeta) \right] \tag{2-97}$$

$$\xi^2 J_m(\xi) \frac{\mathrm{i}^{m+1}}{\lambda} + \xi^2 H_m^{(1)}(\xi) a_m(\zeta) = \frac{1}{\tilde{n}} \frac{\eta_0}{\eta'} \xi_1^2 J_m(\xi_1) c_m(\zeta) \tag{2-98}$$

式中，$\xi = \lambda r_0$；$\xi_1 = \lambda' r_0$。

由式（2-95）至式（2-98）组成的方程组可表示为如下矩阵形式：

$$\begin{pmatrix} \xi \dfrac{\mathrm{d}}{\mathrm{d}\xi} H_m^{(1)}(\xi) & \dfrac{hm}{k} H_m^{(1)}(\xi) & -\xi_1 \dfrac{\mathrm{d}}{\mathrm{d}\xi_1} J_m(\xi_1) & -\dfrac{hm}{k'} J_m(\xi_1) \\ 0 & \xi^2 H_m^{(1)}(\xi) & 0 & -\xi_1^2 \dfrac{1}{\tilde{n}} J_m(\xi_1) \\ \dfrac{hm}{k} H_m^{(1)}(\xi) & \xi \dfrac{\mathrm{d}}{\mathrm{d}\xi} H_m^{(1)}(\xi) & -\dfrac{\eta_0}{\eta'} \dfrac{hm}{k'} J_m(\xi_1) & -\dfrac{\eta_0}{\eta'} \xi_1 \dfrac{\mathrm{d}}{\mathrm{d}\xi_1} J_m(\xi_1) \\ \xi^2 H_m^{(1)}(\xi) & 0 & -\dfrac{1}{\tilde{n}} \dfrac{\eta_0}{\eta'} \xi_1^2 J_m(\xi_1) & 0 \end{pmatrix} \begin{pmatrix} a_m' \\ b_m' \\ c_m' \\ d_m' \end{pmatrix} = \begin{pmatrix} -\xi \dfrac{\mathrm{d}}{\mathrm{d}\xi} J_m(\xi) \\ 0 \\ -\dfrac{hm}{k} J_m(\xi) \\ -\xi^2 J_m(\xi) \end{pmatrix}$$

$$\tag{2-99}$$

式中，$(a_m \quad b_m \quad c_m \quad d_m)^{\mathrm{T}} = \dfrac{\mathrm{i}^{m+1}}{\lambda}(a_m' \quad b_m' \quad c_m' \quad d_m')^{\mathrm{T}}$。由式（2-99）可求出散射场的展开系数。已知第三类圆柱矢量波函数 $\boldsymbol{m}_{m\lambda}^{(3)}\mathrm{e}^{\mathrm{i}hz}$ 和 $\boldsymbol{n}_{m\lambda}^{(3)}\mathrm{e}^{\mathrm{i}hz}$ 的渐近表达式为

$$\boldsymbol{m}_{m\lambda}^{(3)}\mathrm{e}^{\mathrm{i}hz} \sim -\mathrm{e}^{\mathrm{i}hz}\mathrm{e}^{\mathrm{i}m\varphi}\mathrm{i}\lambda\sqrt{\frac{2}{\pi\lambda r}}(-\mathrm{i})^m \mathrm{e}^{\mathrm{i}r\lambda}\mathrm{e}^{-\mathrm{i}\frac{\pi}{4}}\boldsymbol{\varphi} \tag{2-100}$$

$$\boldsymbol{n}_{m\lambda}^{(3)}\mathrm{e}^{\mathrm{i}hz} \sim \mathrm{e}^{\mathrm{i}hz}\mathrm{e}^{\mathrm{i}m\varphi}\left[-\frac{h}{k}\lambda\sqrt{\frac{2}{\pi r\lambda}}(-\mathrm{i})^{m}\mathrm{e}^{\mathrm{i}r\lambda}\mathrm{e}^{-\mathrm{i}\frac{\pi}{4}}\boldsymbol{r}+\frac{\lambda^{2}}{k}\sqrt{\frac{2}{\pi r\lambda}}(-\mathrm{i})^{m}\mathrm{e}^{\mathrm{i}r\lambda}\mathrm{e}^{-\mathrm{i}\frac{\pi}{4}}\boldsymbol{z}\right] \quad (2\text{-}101)$$

则可得远区散射电磁场的渐近表达式为

$$\boldsymbol{E}_{\mathrm{s}} \sim E_{0}\mathrm{e}^{-\mathrm{i}\frac{\pi}{4}}\sqrt{\frac{2}{\pi kr\sin\zeta}}\mathrm{e}^{\mathrm{i}k(r\sin\zeta+z\cos\zeta)}\sum_{m=-\infty}^{\infty}\mathrm{e}^{\mathrm{i}m\varphi}\{a_{m}'\hat{\boldsymbol{\varphi}}+\mathrm{i}b_{m}'[-(\cos\zeta)\boldsymbol{r}+(\sin\zeta)\boldsymbol{z}]\}$$

$$(2\text{-}102)$$

$$\boldsymbol{H}_{\mathrm{s}} \sim -\mathrm{i}\frac{E_{0}}{\eta_{0}}\mathrm{e}^{-\mathrm{i}\frac{\pi}{4}}\sqrt{\frac{2}{\pi kr\sin\zeta}}\mathrm{e}^{\mathrm{i}k(r\sin\zeta+z\cos\zeta)}\sum_{m=-\infty}^{\infty}\mathrm{e}^{\mathrm{i}m\varphi}\{b_{m}'\boldsymbol{\varphi}+\mathrm{i}a_{m}'[-(\cos\zeta)\boldsymbol{r}+(\sin\zeta)\boldsymbol{z}]\}$$

$$(2\text{-}103)$$

平均能流密度矢量为

$$\boldsymbol{S} = \frac{1}{2}\mathrm{Re}[\boldsymbol{E}_{\mathrm{s}}\times(\boldsymbol{H}_{\mathrm{s}})^{*}] \quad (2\text{-}104)$$

$$\boldsymbol{E}_{\mathrm{s}}\times(\boldsymbol{H}_{\mathrm{s}})^{*} \sim \mathrm{i}\frac{|E_{0}|^{2}}{\eta_{0}}\frac{2}{\pi kr\sin\zeta}$$

$$\left\{\left[\boldsymbol{\varphi}\sum_{m=-\infty}^{\infty}\mathrm{e}^{\mathrm{i}m\varphi}a_{m}'-\mathrm{i}(\cos\zeta)\boldsymbol{r}\sum_{m=-\infty}^{\infty}\mathrm{e}^{\mathrm{i}m\varphi}b_{m}'+\mathrm{i}(\sin\zeta)\boldsymbol{z}\sum_{m=-\infty}^{\infty}\mathrm{e}^{\mathrm{i}m\varphi}b_{m}'\right] \right. \quad (2\text{-}105)$$

$$\left. \left[\boldsymbol{\varphi}\sum_{m=-\infty}^{\infty}\mathrm{e}^{\mathrm{i}m\varphi}b_{m}'-\mathrm{i}(\cos\zeta)\boldsymbol{r}\sum_{m=-\infty}^{\infty}\mathrm{e}^{\mathrm{i}m\varphi}a_{m}'+\mathrm{i}(\sin\zeta)\boldsymbol{z}\sum_{m=-\infty}^{\infty}\mathrm{e}^{\mathrm{i}m\varphi}a_{m}'\right]^{*}\right\}$$

$$\boldsymbol{S} = \frac{1}{2}\frac{|E_{0}|^{2}}{\eta_{0}}\frac{2}{\pi kr\sin\zeta}\left[(\boldsymbol{z}\cos\zeta+\boldsymbol{r}\sin\zeta)\left(\left|\sum_{m=-\infty}^{\infty}\mathrm{e}^{\mathrm{i}m\varphi}a_{m}'\right|^{2}+\left|\sum_{m=-\infty}^{\infty}\mathrm{e}^{\mathrm{i}m\varphi}b_{m}'\right|^{2}\right)\right] \quad (2\text{-}106)$$

由式（2-106）可看出，能流密度形成了一个锥面，ζ 为半锥角数。

定义微分散射宽度（圆柱外单位长度上散射的功率与入射能流的比值，只取 r 分量）为

$$\sigma(\varphi) = \frac{2}{\pi k}\left(\left|\sum_{m=-\infty}^{\infty}\mathrm{e}^{\mathrm{i}m\varphi}a_{m}'\right|^{2}+\left|\sum_{m=-\infty}^{\infty}\mathrm{e}^{\mathrm{i}m\varphi}b_{m}'\right|^{2}\right) \quad (2\text{-}107)$$

图 2-6 所示为归一化的微分散射宽度 $\dfrac{\pi k\sigma(\varphi)}{2}$，其中参数取值为 $\tilde{n}=1.41$，$\zeta=\dfrac{\pi}{3}$，r_0 是入射平面波波长的 3 倍。

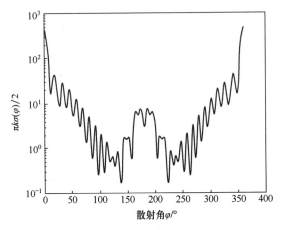

图 2-6　归一化的微分散射宽度 $\dfrac{\pi k\sigma(\varphi)}{2}$

本书在附录中给出了计算圆柱形粒子对平面波散射的 MATLAB 程序。

第 3 章　任意形状粒子对平面波的散射

在很多环境下，米氏散射理论是解决散射问题一个重要的工具，但其应用被限制在球形、各向同性、均匀及非磁性的介质上。在实际应用中许多粒子不满足这些条件，所以出现了新的散射理论。在最近几十年中，对于非球形和非均匀粒子的散射方法的研究已有了很大的发展。在各种不同背景环境下，不同几何形状粒子的光散射特性是电磁波传输和散射理论中的重要课题。由于球形粒子的光散射存在解析解，因此粒子的球形近似被大量地应用在大气辐射等研究中。但是对于冰晶和烟尘等，球形近似会带来很大的误差。因此，不规则形状粒子的光散射研究也是具有重要价值的。

3.1　近似理论

光在介质中传输是一个极其复杂的过程，它既会被粒子吸收，也会被粒子散射。当入射光射向粒子表面时，在近场会产生反射光和折射光，进入粒子内部后也会产生反射光和折射光，在远场会产生衍射光，将这几部分进行叠加即可得到粒子的散射场。近似理论是求解线性输运方程的一种常见的方法，通常先把方程中所有与角度有关的量用球谐函数展开，并截取到第 N 项，然后进行数值求解。

3.1.1　瑞利散射理论

当粒子尺寸参数 $x = ka \ll 1$，且 $ka|n-1| \ll 1$ 时，粒子尺寸远小于入射波

长，散射体内部和附近的电场呈现静电场特征，且界面内外场的相位差也相当小。散射体被入射波场极化，激发的散射场类似于偶极子辐射。介质内部的电极化强度矢量 $\boldsymbol{P}$ 满足：

$$J_{\text{ef}} = -\mathrm{i}\omega\varepsilon_0(\varepsilon_{\text{r}}-1)\boldsymbol{E} = -\mathrm{i}\omega\boldsymbol{P} \tag{3-1}$$

则均匀散射体内部场 $\boldsymbol{E} = 3/(\varepsilon_{\text{r}}+2)\boldsymbol{E}_{\text{i}}$ 为均匀场（其中 ε_{r} 为散射体相对于自由空间的相对介电常数），极化方向平行于入射电场极化方向，相当于偶极子辐射。散射振幅为

$$\boldsymbol{f}(\boldsymbol{o},\boldsymbol{i}) = \frac{k^2}{4\pi}\frac{3(\varepsilon_{\text{r}}-1)}{(\varepsilon_{\text{r}}+2)}V(\sin\chi)E_{\text{i}} \tag{3-2}$$

式中，$\boldsymbol{i}$ 为入射电场方向单位矢量；χ 为入射电场极化方向单位矢量 $\boldsymbol{e}_{\text{i}}$ 与散射方向单位矢量 $\boldsymbol{o}$ 之间的夹角。因此，微分散射截面（Differential Scattering Cross Section）$\sigma_{\text{d}}(\boldsymbol{o},\boldsymbol{i})$ 可表示为

$$\sigma_{\text{d}}(\boldsymbol{o},\boldsymbol{i}) = \frac{k^4}{(4\pi)^2}\left|\frac{3(\varepsilon_{\text{r}}-1)}{\varepsilon_{\text{r}}+2}\right|^2 V^2\sin^2\chi \tag{3-3}$$

它与入射波长的四次方成反比，与散射体体积的平方成正比。这种散射被称为瑞利散射。其散射截面为

$$\sigma_{\text{s}} = \int_{4\pi}\sigma_{\text{d}}\mathrm{d}\Omega = \frac{k^2}{(4\pi)^2}\left|\frac{3(\varepsilon_{\text{r}}-1)}{\varepsilon_{\text{r}}+2}\right|^2 V^2\int_0^\pi\sin\chi\mathrm{d}\chi\int_0^{2\pi}\mathrm{d}\varphi\sin^2\chi = \frac{24\pi^3V^2}{\lambda^4}\left|\frac{\varepsilon_{\text{r}}-1}{\varepsilon_{\text{r}}+2}\right|^2 \tag{3-4}$$

取入射波功率通量密度 $\boldsymbol{S}_{\text{i}} = \left|\boldsymbol{E}_{\text{i}}\right|^2/(2\eta_0)$，则吸收截面为

$$\sigma_{\text{a}} = (\int_{V'}\omega\varepsilon_0\varepsilon_{\text{r}}''\left|E(r')\right|^2\mathrm{d}V'/2)/S_{\text{i}}$$

$$= \int_{V'}k\varepsilon_{\text{r}}''\left|E(r')\right|^2\mathrm{d}V' = k\varepsilon_{\text{r}}''\left|\frac{3}{\varepsilon_{\text{r}}+2}\right|^2 V \tag{3-5}$$

$$[-\boldsymbol{o}\times\boldsymbol{o}\times\boldsymbol{x}] = \cos\theta(\cos\varphi)\boldsymbol{\theta} - (\sin\varphi)\boldsymbol{\varphi} \tag{3-6}$$

$$\sin^2 \chi = 1 - \sin^2 \theta \cos^2 \varphi \tag{3-7}$$

由此可得，在球坐标系中，沿散射角 θ、方位角 φ，散射体的远区电场强度为

$$E_\theta = E_0 (\cos \theta \cos \varphi) \exp(\mathrm{i}kR) \tag{3-8}$$

$$E_\varphi = E_0 (-\sin \varphi) \exp(\mathrm{i}kR) \tag{3-9}$$

式中，

$$E_0 = \frac{k^2}{4\pi} \left| \frac{3(\varepsilon_r - 1)}{\varepsilon_r + 2} \right|^2 \frac{V}{R} \tag{3-10}$$

当 $\varphi = 0$ 和 $\varphi = \pi / 2$ 时，分别表示入射电场极化方向平行和垂直于散射平面。平行极化和垂直极化散射场为

$$\begin{pmatrix} E_\parallel \\ E_\perp \end{pmatrix}_s = \frac{\exp(\mathrm{i}kR)}{4\pi R} k^2 V \frac{3(\varepsilon_r - 1)}{\varepsilon_r + 2} \begin{pmatrix} \cos \theta & 0 \\ 0 & 1 \end{pmatrix} \begin{pmatrix} E_\parallel \\ E_\perp \end{pmatrix}_i \tag{3-11}$$

对应的散射强度为

$$\begin{pmatrix} I_\parallel \\ I_\perp \end{pmatrix}_s = \frac{k^4}{(4\pi R)^2} \left| \frac{3(\varepsilon_r - 1)}{\varepsilon_r + 2} \right|^2 V^2 \begin{pmatrix} I_\parallel \cos^2 \theta \\ I_\perp \end{pmatrix}_i \tag{3-12}$$

考虑半径为 a 的介质球，瑞利近似的散射截面和吸收截面分别为

$$\sigma_s = \frac{128\pi^5 a^6}{3\lambda^4} \left| \frac{\varepsilon_r - 1}{\varepsilon_r + 2} \right|^2, \quad \sigma_a = \frac{4\pi}{3} ka\varepsilon_r'' \left| \frac{3}{\varepsilon_r + 2} \right|^2 \tag{3-13}$$

当粒子尺寸参数 $x \ll 1$ 时，对于有耗介质散射体，一般有 $\sigma_a \gg \sigma_s$，故 $\sigma_t \approx \sigma_a$。显然，瑞利散射强度与波长的四次方成反比，吸收衰减与波长成反比。这便可以解释为什么晴天时天空呈蓝色，而日出或日落时天空泛红。

考虑一个椭球形粒子，其表面方程为

$$\frac{x^2}{a^2} + \frac{y^2}{b^2} + \frac{z^2}{c^2} = 1 \tag{3-14}$$

该粒子被沿 z 轴方向传播、x 轴方向极化的平面电磁波照射，在瑞利散射近似条件下，粒子的内场为

$$\boldsymbol{E}_1 = \boldsymbol{E}_{\mathrm{i}} / [1 + L_1(\varepsilon_{\mathrm{r}} - 1)] \tag{3-15}$$

式中，

$$L_1 = \frac{abc}{2} A_z = \frac{abc}{2} \int_0^\infty \frac{\mathrm{d}s}{(a^2 + s) f(s)} \tag{3-16}$$

$$f(s) = [(s + a^2)(s + b^2)(s + c^2)]^{1/2} \tag{3-17}$$

介质椭球内部的电偶极矩和电极化率分别为

$$\boldsymbol{P} = 4\pi\varepsilon_0 \frac{abc}{3} \frac{\varepsilon_{\mathrm{r}} - 1}{1 + L_1(\varepsilon_{\mathrm{r}} - 1)} \boldsymbol{E}_{\mathrm{i}} \tag{3-18}$$

$$\alpha_1 = \frac{4\pi abc}{3} \frac{\varepsilon_{\mathrm{r}} - 1}{1 + L_1(\varepsilon_{\mathrm{r}} - 1)} = \frac{\varepsilon_{\mathrm{r}} - 1}{1 + L_1(\varepsilon_{\mathrm{r}} - 1)} V \tag{3-19}$$

因此，散射截面、吸收截面和总衰减截面分别为

$$\sigma_{\mathrm{s}} = \frac{8\pi^3}{3\lambda^4} V^2 \left| \frac{\varepsilon_{\mathrm{r}} - 1}{1 + L_1(\varepsilon_{\mathrm{r}} - 1)} \right|^2 \tag{3-20}$$

$$\sigma_{\mathrm{a}} = k\varepsilon_{\mathrm{r}}'' \left| \frac{\varepsilon_{\mathrm{r}} - 1}{1 + L_1(\varepsilon_{\mathrm{r}} - 1)} \right|^2 V \tag{3-21}$$

$$\sigma_{\mathrm{t}} = k\,\mathrm{Im}\{\alpha_3\} = k\,\mathrm{Im}\left\{ \frac{\varepsilon_{\mathrm{r}} - 1}{1 + L_1(\varepsilon_{\mathrm{r}} - 1)} \right\} V \tag{3-22}$$

如果平面波沿任意方向入射，且不平行于椭球的三个主轴，则在粒子内部 x 轴、y 轴、z 轴方向上均存在电场，即

$$E_x = E_{ix} / [1 + L_x(\varepsilon_r - 1)] \tag{3-23}$$

$$E_y = E_{iy} / [1 + L_y(\varepsilon_r - 1)] \tag{3-24}$$

$$E_z = E_{iz} / [1 + L_z(\varepsilon_r - 1)] \tag{3-25}$$

式中，

$$L_x = \frac{abc}{2} \int_0^\infty \frac{\mathrm{d}s}{(a^2 + s)f(s)} \tag{3-26}$$

$$L_y = \frac{abc}{2} \int_0^\infty \frac{\mathrm{d}s}{(b^2 + s)f(s)} \tag{3-27}$$

且有 $L_x + L_y + L_z = 1$。电偶极矩 $\boldsymbol{P} = \varepsilon_0(\alpha_x E_{ix}\boldsymbol{e}_x + \alpha_y E_{iy}\boldsymbol{e}_y + \alpha_z E_{iz}\boldsymbol{e}_z)$。$E_{ij}(j = x, y, z)$ 是入射电场 $\boldsymbol{E}_i$ 沿椭球三个主轴的各个分量。在 $Ox'y'z'$ 坐标系中，椭球形粒子的电偶极矩为

$$\boldsymbol{P}' = \varepsilon_0 \boldsymbol{\alpha}' \boldsymbol{E}_i' \tag{3-28}$$

通过坐标变换，电极化率为 $\boldsymbol{\alpha}' = \boldsymbol{A}^{\mathrm{T}} \boldsymbol{\alpha} \boldsymbol{A}$，其中矩阵 $\boldsymbol{A}$ 为正交矩阵，各矩阵元素 $A_{ij} = \boldsymbol{e}_i \cdot \boldsymbol{e}_j'$（$i = x, y, z$；$j = x', y', z'$）。由此可得，吸收截面和散射截面分别为

$$\sigma_{a,x'} = \frac{k \operatorname{Im}\{P_{x'}\}}{\varepsilon_0 E_{i,x'}} = k \operatorname{Im}\{\alpha_x A_{xx'}^2 + \alpha_y A_{yx'}^2 + \alpha_z A_{zx'}^2\} \tag{3-29}$$

$$\sigma_{s,x'} = \frac{k^4}{6\pi}\left(|\alpha_x|^2 A_{xx'}^2 + |\alpha_y|^2 A_{yx'}^2 + |\alpha_z|^2 A_{zx'}^2\right) \tag{3-30}$$

如果入射平面波沿 y' 轴方向极化，则上述吸收截面和散射截面可改写为

$$\sigma_{a,y'} = \frac{k \operatorname{Im}\{P_{y'}\}}{\varepsilon_0 E_{i,y'}} = k \operatorname{Im}\{\alpha_x A_{xy'}^2 + \alpha_y A_{yy'}^2 + \alpha_z A_{zy'}^2\} \tag{3-31}$$

$$\sigma_{s,y'} = \frac{k^4}{6\pi}\left(|\alpha_x|^2 A_{xy'}^2 + |\alpha_y|^2 A_{yy'}^2 + |\alpha_z|^2 A_{zy'}^2\right) \tag{3-32}$$

3.1.2　玻恩近似

当粒子的介电常数$|\varepsilon_r - 1| \ll 1$，且$kD|\varepsilon_r - 1| \ll 1$时，粒子界面上的波没有明显的反射、折射，粒子内部电场的幅度与相位也没有明显的变化，粒子内部电场$\boldsymbol{E}(\boldsymbol{r}')$可近似用入射场$\boldsymbol{E}_i(\boldsymbol{r}')$代替，即

$$\boldsymbol{E}(\boldsymbol{r}') = \boldsymbol{E}_i(\boldsymbol{r}') = \boldsymbol{e}_i \exp(ik\boldsymbol{r}' \cdot \boldsymbol{i}) \tag{3-33}$$

式中，$\boldsymbol{i}$为入射电场方向单位矢量。散射振幅为

$$\boldsymbol{f}(\boldsymbol{o}, \boldsymbol{i}) = \frac{k^2}{4\pi}[-\boldsymbol{o} \times \boldsymbol{o} \times \boldsymbol{e}_i]VS(k_s) \tag{3-34}$$

$$S(k_s) = \frac{1}{V}\int [\varepsilon_r(\boldsymbol{r}') - 1]\exp(i\boldsymbol{k}_s \cdot \boldsymbol{r}')dV' \tag{3-35}$$

式中，$\boldsymbol{k}_s = k(\boldsymbol{i} - \boldsymbol{o})$，$|\boldsymbol{k}_s| = 2k\sin(\theta/2)$。显然散射振幅正比于$\varepsilon_r - 1$关于波数$k_s$的傅里叶变换。如果平面波$\boldsymbol{E}_i = \boldsymbol{E}_0 \exp(ik\boldsymbol{i} \cdot \boldsymbol{r})$入射到均匀散射体，则平行和垂直于散射平面的散射电场为

$$\begin{pmatrix} E_\parallel \\ E_\perp \end{pmatrix}_s = \frac{\exp(ikR)}{4\pi R}k^2\int_{V'}(\varepsilon_r - 1)\exp(i\boldsymbol{k}_s \cdot \boldsymbol{r}')\begin{pmatrix} \cos\theta & 0 \\ 0 & 1 \end{pmatrix}\begin{pmatrix} E_\parallel \\ E_\perp \end{pmatrix}_i dV' \tag{3-36}$$

散射振幅可表示为

$$\boldsymbol{f}(\boldsymbol{o}, \boldsymbol{i}) = \frac{k^2}{4\pi}[-\boldsymbol{o} \times \boldsymbol{o} \times \boldsymbol{e}_i](\varepsilon_r - 1)VF(\theta) \tag{3-37}$$

式中，$F(\theta)$称为形成因子。以半径为a的均匀介质球为例，其形成因子为

$$\begin{aligned} F(\theta) &= \frac{1}{V}\int_{V'}\exp(i\boldsymbol{k}_s \cdot \boldsymbol{r}')dV' \\ &= \frac{1}{V}\int_0^{2\pi}d\varphi'\int_0^\pi \sin\theta'd\theta'\int_0^a r'^2 \exp(ik_s r'\cos\theta')dr' \\ &= \frac{3}{k_s^3 a^3}[\sin(k_s a) - k_s a\cos(k_s a)] = 3j_l(k_s a)/(k_s a) \end{aligned} \tag{3-38}$$

式中，$j_l(x)$ 为第一类球贝赛尔函数。当半径 a 很小时，无论散射角 θ 为何值，都有 $k_s a \ll 1$，故 $|F(\theta)|^2 \to 1$，散射几乎为各向同性散射。当半径 a 很大时，只有 $\theta \approx 0°$ 时形成因子才有明显的贡献，故散射以前向散射为主。

设有半径为 a、长为 $2l$ 的均匀介质圆柱，入射波单位矢量和散射波单位矢量分别为

$$\boldsymbol{i} = \boldsymbol{x} \sin\theta_i \cos\varphi_i + \boldsymbol{y} \sin\theta_i \sin\varphi_i + \boldsymbol{z} \cos\theta_i \tag{3-39}$$

$$\boldsymbol{o} = \boldsymbol{x} \sin\theta \cos\varphi + \boldsymbol{y} \sin\theta \sin\varphi + \boldsymbol{z} \cos\theta \tag{3-40}$$

$$\boldsymbol{k}_s = k(\boldsymbol{i} - \boldsymbol{o}) = k_1 \boldsymbol{x} + k_2 \boldsymbol{y} + k_3 \boldsymbol{z} \tag{3-41}$$

$$\begin{cases} k_1 = k(\sin\theta_i \cos\varphi_i - \sin\theta \cos\varphi) \\ k_2 = k(\sin\theta_i \sin\varphi_i - \sin\theta \sin\varphi) \\ k_3 = k(\cos\theta_i - \cos\theta) \end{cases} \tag{3-42}$$

形成因子为

$$\begin{aligned} F &= \frac{1}{V} \int_{V'} \exp[i(k_1 x' + k_2 y' + k_3 z')] \mathrm{d}x' \mathrm{d}y' \mathrm{d}z' \\ &= \frac{2\pi a}{V \sqrt{k_1^2 + k_2^2}} J_1(\sqrt{k_1^2 + k_2^2}\, a) \int_{-L}^{L} \exp(ik_3 z') \mathrm{d}z' \\ &= \frac{2}{a \sqrt{k_1^2 + k_2^2}} J_1(\sqrt{k_1^2 + k_2^2}\, a) \left(\frac{\sin(k_3 L)}{k_3 L} \right) \end{aligned} \tag{3-43}$$

当 $a \to 0$ 时，$F \to \sin(k_3 L)/(k_3 L)$；当 $L \to 0$ 时，$F \to 2J_1(\sqrt{k_1^2 + k_2^2}\, a)/\sqrt{k_1^2 + k_2^2}\, a$。

3.1.3　WKB 近似

在上述讨论的瑞利近似和波恩近似情况下，无耗粒子的散射振幅是实数。因此，散射振幅的实部描述了粒子散射的角分布特征。散射振幅的虚部虽然很小，但它表示粒子总损耗功率，包含粒子散射和粒子吸收。因此，瑞

利近似和波恩近似能很好地描述散射的角分布特征。尽管对散射振幅进行全立体角积分可以获得总散射截面，但不能准确地给出散射振幅的虚部，利用前向散射定理并不能获得总衰减截面。

WKB 近似是一种较好获得总衰减截面的数值计算方法。WKB 近似要求

$$(\varepsilon_r - 1)kD \gg 1，\quad \varepsilon_r - 1 < 1 \tag{3-44}$$

因为 $\varepsilon_r - 1 < 1$，所以折射角近似等于入射角，传播方向不变，粒子表面的透射率 T 近似等于垂直入射时的值。设入射波沿 z 轴方向传播，$\boldsymbol{E}_i(\boldsymbol{r}) = \boldsymbol{e}_i E_i \exp(ikz)$，在粒子内 B 点的场近似为

$$\boldsymbol{E}(\boldsymbol{r}') = \boldsymbol{e}_i T E_i \exp[ikz_1 + ikn(z' - z_1)],\ z_1 < z' < z \tag{3-45}$$

$$T = \frac{2}{\sqrt{\varepsilon_r} + 1} = \frac{2}{n + 1} \tag{3-46}$$

散射振幅为

$$\boldsymbol{f}(\boldsymbol{o}, \boldsymbol{i}) = \frac{k^2}{4\pi}[-\boldsymbol{o} \times \boldsymbol{o} \times \boldsymbol{e}_i](\varepsilon_r - 1)VS(\theta) \tag{3-47}$$

$$S(\theta) = \frac{1}{V}\int T[\varepsilon_r(\boldsymbol{r}') - 1]\exp[ikz_1 + ikn(z' - z_1) - ik\boldsymbol{o} \cdot \boldsymbol{r}']dV' \tag{3-48}$$

由前向散射定理可得，总衰减截面和吸收截面分别为

$$\begin{aligned}
\sigma_t &= \frac{4\pi}{k}\mathrm{Im}\{\boldsymbol{f}(\boldsymbol{i}, \boldsymbol{i}) \cdot \boldsymbol{e}_i\} \\
&= k\,\mathrm{Im}\int_{V'} 2(n-1)\exp[-ik(n-1)z_1 + ik(n-1)z']dV'
\end{aligned} \tag{3-49}$$

$$\begin{aligned}
\sigma_a &= \int_{V'} k\varepsilon_r''|\boldsymbol{E}(\boldsymbol{r}')|^2 dV' \\
&= \int_{V'} k\varepsilon_r''(\boldsymbol{r}')\frac{4}{|n(\boldsymbol{r}') + 1|^2}\exp[-2kn_i(z' - z_1)]dV'
\end{aligned} \tag{3-50}$$

式中，$n = n_r + i n_i$。

考虑半径为 a 的均匀介质球，令 $z_1 = -\sqrt{a^2 - \rho'^2}$，$\mathrm{d}V' = \mathrm{d}z' \rho' \mathrm{d}\rho' \mathrm{d}\varphi'$，$Z = k(n-1)a$，$Y = 4kn_i a$，则衰减系数和吸收系数分别为

$$Q_t = \frac{\sigma_t}{\pi a^2} = 2\mathrm{Re}\left\{ 1 + \frac{\mathrm{i}\exp(\mathrm{i}2Z)}{Z} + \frac{1 - \exp(\mathrm{i}2Z)}{2Z^2} \right\} \tag{3-51}$$

$$Q_a = \frac{\sigma_a}{\pi a^2} = \left\{ \frac{4n_r}{(n_r + 1)^2 + n_i^2} \right\}\left\{ 1 + \frac{2\exp(-Y)}{Y} + \frac{2}{Y^2}[\exp(-Y) - 1] \right\} \tag{3-52}$$

注意，在应用 WKB 近似法进行求解时，对于 $k(n-1)a$ 较小的情况，其解是不准确的，此时可采用瑞利近似法和波恩近似法。

3.2　数值方法简介

数值方法中包含一个离散化的问题，因为无论是在微分方程中还是在积分方程中，微分或积分所作用的函数都是连续函数，而计算机能处理的函数是离散函数。数值方法所做的工作就是先将微分方程化为差分方程，或者将积分方程中的积分化为有限求和，从而建立代数方程，然后用计算机求解代数方程组。数值方法的优点是能解决许多解析法和近似法所不能解决的问题，并且可以得到所需要的精确答案。它的缺点是所求得的答案正确与否，需要用实验或其他可靠的结果来证明。原则上，数值方法可以求解具有任何复杂几何形状的电磁场边值问题，但在实际过程中，计算机存在各个方面的限制。因此，在解析法与数值方法的基础上，又发展出了一种将解析法与计算技术结合起来的准解析法，它要求在将所要求解的问题送入计算机之前，对它进行解析的预运算。

比较常用的数值方法包括 FDTD 法、有限元法、矩量法、广义多极

子技术、T 矩阵法、点匹配方法、体积积分法等，每种方法都有其特点。本节对最常用的三种数值方法，即 T 矩阵法、FDTD 法和矩量法进行简单介绍。

3.2.1 T 矩阵法

本节简单介绍 T 矩阵法。T 矩阵法是求解复杂粒子电磁散射问题的一种高效、精确的半数值、半解析算法，已被广泛应用于光学测量、光学操纵等多个领域。然而在处理大复折射率、大尺寸参数或极端非球形几何形状粒子的散射问题时，该算法在数值收敛和精度上仍然需要进一步改善。

T 矩阵法于 1969 年被引入计算电磁学领域，是一种求解表面积分方程的方法。该方法以消光定理为基础，把边值问题化为散射体内域和外域的两个积分方程，通过边界条件连接表面流及其方向导数。在内域，表面流完全抵消入射场，从而得出边界表面流展开系数与入射场展开系数的关联矩阵；在外域，建立起表面流与散射场之间的关联矩阵，得到入射场与散射场之间的关联。因此，T 矩阵法又被称为扩展边界条件法（Extended Boundary Condition Method）。

T 矩阵的一个基本特征是只与散射体的物理（电尺寸、折射率等）和几何（形态等）特征及其在空间中的方位有关，并且完全独立于入射场和散射场的传播方向及极化状态。T 矩阵法是解析解与数值解的一种混合运用方法，具有以下显著特点：①以标量格林定理为基础，能够消除由谐振腔模式引起的困难；②在内外域通过引用格林函数的解析波函数级数形式来展开表面流，极大地节省了存储空间。因此，T 矩阵法在声散射、光散射及电磁散射等领域都得到了广泛的应用。

Waterman 提出了一种分析物体散射场的有效方法，称为广义边界条件方法，也称为 T 矩阵法。在 T 矩阵法中，采用粒子的表面电流来代替散射体的内场，因此在散射体的外部区域，入射场和散射场与原散射存在相同的问题，而采用表面电流意味着整个内电场为 0，对电场的积分是在粒子的表面进行的。从这一点可以看出，这种方法适合于计算不规则粒子的散射问题。

在 T 矩阵法中，入射场 E^{inc} 和散射场 E^{sca} 都采用矢量球谐函数展开：

$$\begin{cases} \boldsymbol{E}^{\mathrm{inc}}(\boldsymbol{r}) = \sum_{ml}[a_{ml}\mathrm{Rg}\boldsymbol{M}_{ml}(k\boldsymbol{r}) + b_{ml}\mathrm{Rg}\boldsymbol{N}_{ml}(k\boldsymbol{r})] \\ \boldsymbol{E}^{\mathrm{sca}}(\boldsymbol{r}) = \sum_{ml}[p_{ml}\boldsymbol{M}_{ml}(k\boldsymbol{r}) + q_{ml}\boldsymbol{N}_{ml}(k\boldsymbol{r})] \end{cases} \tag{3-53}$$

式中，$\boldsymbol{M}$、$\boldsymbol{N}$ 为基于汉克尔函数（Hankel Function）的矢量波函数；$\mathrm{Rg}\boldsymbol{M}$、$\mathrm{Rg}\boldsymbol{N}$ 为基于第一类球贝塞尔函数的正则矢量波函数；展开系数 a_{ml}、b_{ml}、p_{ml}、q_{ml} 由数值积分方法获得，入射场展开系数 a_{ml}、b_{ml} 通过一个变换 T 矩阵与散射场展开系数 p_{ml}、q_{ml} 联系起来。

对于球矢量波函数的导出，考虑矢量波动方程：

$$\nabla \times \nabla \times E(r) - k^2 E(r) = 0 \tag{3-54}$$

如果有一个标量波函数 $\psi(r)$ 满足相应的标量波动方程：

$$\nabla \times \nabla \times \psi(r) - k^2 \psi(r) = 0 \tag{3-55}$$

则定义矢量球谐函数为

$$\boldsymbol{M}(r) = \nabla \times c\psi(r) \tag{3-56}$$

$$\boldsymbol{N}(r) = \frac{1}{k}\nabla \times \boldsymbol{M}(r) \tag{3-57}$$

式中，c 是"引导矢量"的常矢量，它在不同的坐标系中可以根据情况取不同的值。

球坐标系中标量波动方程的解可用分离变量法求得

$$\psi_{ml}(kr) = z_l(kr)\mathrm{Y}_l^m(\theta,\varphi) \tag{3-58}$$

式中，$Y_l^m(\theta,\varphi) = P_l^m(\cos\theta)e^{im\varphi}$，$Y_l^m(\theta,\varphi)$ 为球谐函数，$P_l^m(\cos\theta)$ 为连带勒让德函数；$z_l(kr)$ 为第一类、第三类球贝塞尔函数。

根据矢量球谐函数的定义：

$$\boldsymbol{M}_{ml}(r) = \nabla \times [rz_l(kr)Y_l^m(\theta,\varphi)] \tag{3-59}$$

$$\boldsymbol{N}_{ml}(r) = \frac{1}{k}\nabla \times \nabla \times [rz_l(kr)Y_l^m(\theta,\varphi)] \tag{3-60}$$

在球坐标系中，用分离变量法可求得球矢量波函数为

$$\boldsymbol{M}_{ml}^{1,3}(kr) = z_l(kr)\left[\operatorname{Im}\frac{P_l^m(\cos\theta)}{\sin\theta}\theta - \frac{\mathrm{d}P_l^m(\cos\theta)}{\mathrm{d}\theta}\varphi\right]\exp(im\varphi) \tag{3-61}$$

$$\boldsymbol{N}_{ml}^{1,3}(kr) = \left\{l(l+1)\frac{z_l(kr)}{kr}P_l^m(\cos\theta)r + \left[\frac{krz_l(kr)}{kr}\right]\left[\frac{\mathrm{d}P_l^m(\cos\theta)}{\mathrm{d}\theta}\theta + \operatorname{Im}\frac{P_l^m\cos\theta}{\sin\theta}\varphi\right]\right\}\exp(im\varphi) \tag{3-62}$$

对于任意形状的微粒，在其外接球之外的散射场可以采用外向传播的球面波作为基函数来表示，入射场采用正则波来表示。在球坐标系中，标量亥姆霍兹方程为

$$(\nabla^2 + k^2)\psi = 0 \tag{3-63}$$

其外向波之解为

$$\psi_{ml}(kr,\theta,\varphi) = h_l(kr)d_{0m}^l(\cos\theta)\exp(im\varphi) \tag{3-64}$$

式中，$l = 0,1,2\cdots$；$m = 0,\pm1,\pm2,\cdots,\pm n$；$h_l(kr)$ 为汉克尔函数；$d_{0m}^l(\cos\theta)$ 为维格纳函数（Wigner Function）。正则波函数定义为

$$\operatorname{Rg}\psi_{ml} = j_l(kr)d_{0m}^l(\cos\theta)\exp(im\varphi) \tag{3-65}$$

可以定义三个矢量球谐函数 $\boldsymbol{V}_{ml}^{(\alpha)}(\theta,\varphi)$（$\alpha=1,2,3$）：

$$V_{ml}^{(1)}(\theta,\varphi) = P_{ml}(\theta,\varphi) = r Y_l^m(\theta,\varphi) \tag{3-66}$$

$$
\begin{aligned}
V_{ml}^{(2)}(\theta,\varphi) &= B_{ml}(\theta,\varphi) = r\nabla[Y_l^m(\theta,\varphi)] = r \times C_{ml}(\theta,\varphi) \\
&= \left[\theta\frac{\mathrm{d}}{\mathrm{d}\theta}\mathrm{d}_{0m}^l(\cos\theta) + \varphi\frac{\mathrm{i}m}{\sin\theta}\mathrm{d}_{0m}^l(\cos\theta)\right]\cdot\exp(\mathrm{i}m\varphi)
\end{aligned}
\tag{3-67}
$$

$$
\begin{aligned}
V_{ml}^{(3)}(\theta,\varphi) &= C_{ml}(\theta,\varphi) = r\nabla\times[Y_l^m(\theta,\varphi)] \\
&= \left[\theta\frac{\mathrm{i}m}{\sin\theta}\mathrm{d}_{0m}^l(\cos\theta) - \varphi\frac{\mathrm{d}}{\mathrm{d}\theta}\mathrm{d}_{0m}^l(\cos\theta)\right]\cdot\exp(\mathrm{i}m\varphi)
\end{aligned}
\tag{3-68}
$$

式（3-66）中，$l=0,1,2\cdots$；式（3-67）和式（3-68）中，$l=1,2,3,\cdots$。矢量球谐函数之间存在如下正交关系：

$$\int_0^\pi \mathrm{d}\theta\sin\theta\int_0^{2\pi}\mathrm{d}\varphi\cdot V_{ml}^{(\alpha)}(\theta,\varphi)\cdot V_{-m'l'}^{(\beta)}(\theta,\varphi) = \delta_{\alpha\beta}\delta_{mm'}\delta_{ll'}z_{\alpha ml}, \quad \alpha=1,2,3 \tag{3-69}$$

式中，$z_{1ml}=(-1)^m 4\pi/(2l+1)$，$z_{2ml}=z_{3ml}=(-1)^m 4\pi l(l+1)/(2l+1)$。

矢量球谐函数 $M_{ml}(kr,\theta,\varphi)$、$N_{ml}(kr,\theta,\varphi)$ 定义为

$$M_{ml}(kr,\theta,\varphi) = (-1)^m d_l\nabla\times[r\psi_{ml}(kr,\theta,\varphi)] = (-1)^m d_l\mathrm{h}_l(kr)C_{ml} \tag{3-70}$$

$$N_{ml}(kr,\theta,\varphi) = \frac{1}{k}\nabla\times M_{ml}(kr,\theta,\varphi) = (-1)^m d_l\left\{\frac{l(l+1)\mathrm{h}_l(kr)}{kr}P_{ml} + \frac{[kr\mathrm{h}_l(kr)]'}{kr}B_{ml}\right\} \tag{3-71}$$

式中，$d_l=\left[\dfrac{2l+1}{4\pi l(l+1)}\right]^{1/2}$。两个正则矢量球谐函数 $\mathrm{Rg}M_{ml}$、$\mathrm{Rg}N_{ml}$ 通过在式（3-70）和式（3-71）中用球贝塞尔函数 j_l 代替汉克尔函数 h_l 获得。

假设入射场的源位于粒子的外接球面之外，我们将入射场和散射场用矢量波函数展开为

$$E^{\mathrm{inc}}(r) = \sum_{ml}[a_{ml}\mathrm{Rg}M_{ml}(kr) + b_{ml}\mathrm{Rg}N_{ml}(kr)] \tag{3-72}$$

$$E^{\text{sca}}(r) = \sum_{ml} [p_{ml} M_{ml}(kr) + q_{ml} N_{ml}(kr)] \tag{3-73}$$

散射场展开系数与入射场展开系数之间的关系是线性的，由 T 矩阵描述为

$$\begin{cases} p_{ml} = \sum_{l'm'} (T^{11}_{mlm'l'} \cdot a_{ml} + T^{12}_{mlm'l'} + b_{ml}) \\ q_{ml} = \sum_{l'm'} (T^{21}_{mlm'l'} \cdot a_{ml} + T^{22}_{mlm'l'} + b_{ml}) \end{cases} \tag{3-74}$$

这种线性关系可表示为

$$\begin{bmatrix} p \\ q \end{bmatrix} = \boldsymbol{T} \cdot \begin{bmatrix} a \\ b \end{bmatrix} = \begin{bmatrix} T^{11} & T^{12} \\ T^{21} & T^{22} \end{bmatrix} \cdot \begin{bmatrix} a \\ b \end{bmatrix} \tag{3-75}$$

矩阵 $\boldsymbol{T}$ 将入射场展开系数变换为散射场展开系数，因此称这种方法为 T 矩阵法，矩阵 $\boldsymbol{T}$ 又称为系统传输算子。

常见的烟幕是由许多独立散射的非球形微粒组成的，微粒在所有方向上取向的概率相等。对这样的光散射问题进行理论计算的实用且高效的方法是 T 矩阵法，其优点如下。

第一，如果对应的展开系数是已知的，则散射矩阵的元素可以被精确计算出来，而不必进行插值计算。

第二，通过展开系数可以很容易地计算相函数，后者在求解微粒群相互作用的辐射传输方程中将用到，这样便简化了辐射传输方程的理论与数值解。

第三，随机取向微粒的消光特性与散射角无关，因此不需要对微粒的每个取向一一进行计算。

第四，与其他方法相比，T 矩阵法对所用计算机的性能要求不是很高。

T 矩阵法的一个缺点是求解的序列经常是振荡的，一般要对解的收敛性

进行检验以确定其正确与否；另一个缺点是不能处理包含大量非均相微粒的体系，在这种情况下应当采用体积积分法求解。目前对 T 矩阵法的物理本质方面的分析工作还有待完善。特别是对数值解与解析解的一致性问题的分析，不仅具有重要的理论意义，而且有助于有效地分析数值结果。

3.2.2　FDTD 法

随着高速电子数字计算机的发展，计算电磁学也迅速地发展起来，为各种复杂电磁场问题的解决提供了有力的手段。在诸多数值方法中，FDTD 法是近年来发展迅猛、备受关注且应用广泛的一种方法，它具有很多突出的特点。FDTD 法从依赖时间变量的麦克斯韦旋度方程出发，在电场和磁场各分量交叉设置的网格空间中，利用具有二阶精度的中心差分格式把各场分量满足的微分方程转化为差分方程。FDTD 法解决任何电磁场问题均按初值问题进行处理，依时间步推进计算，并在每个时间步中交替地计算每个离散点的电场和磁场。虽然 FDTD 法本质上是时域方法，但它也可以直接用于稳态电磁场的计算。

FDTD 法最突出的优点是节省计算机的存储空间和 CPU 时间，而且 FDTD 法还非常适合进行并行计算，这正好与当今计算机的发展趋势相吻合，提高了 FDTD 法解决实际复杂问题的能力。FDTD 法的另一主要优点是各种复杂的边界条件能自动地得到满足，这为解决非均匀介质和结构复杂的系统中的电磁场问题提供了极大的方便。由于 FDTD 法已能使用多种形式的网格，因此它具有非常强的模拟各种形状和结构都很复杂的系统的能力。

FDTD 法对电磁场分量在空间和时间上进行交替抽样离散。每个电（或磁）场分量有四个磁（或电）场分量环绕，应用交替抽样离散方式将含时间变量的麦克斯韦旋度方程转化为一组差分方程，并在时间轴上逐步求解空间电磁场。Yee 提出的这种交替抽样离散方式后来被称为 Yee 元胞。在用 FDTD 法研究物体的电磁散射特性时，必须描述目标的几何和物理参数，并按照

FDTD 法的要求进行网格化离散，每个网格应包含几何尺寸和电磁参数信息。可以用近似法求场对时间和空间的函数，这个场可以由时间系统求解。

同理，也可以用一个相似的方程从磁场中求出未知的电场。在每个时间步中交替进行这两种运算，就可以了解场值传播的情况，对散射体中的每个格点都可以赋不同的电容率值，这样就可以进行非均匀散射的计算。

3.2.3 矩量法

矩量法作为一种数值方法，其主要优点是可以计算严格散射场，以此可以检验其他近似法。20 世纪 70 年代，Harrington 首次引入了矩量法，并在其专著《计算电磁场的矩量法》中详细介绍了矩量法的基本原理。矩量法作为一种高精度的全波分析方法，对复杂目标的散射和辐射问题具有很高的计算精度，因此得到了迅猛的发展，被广泛地应用于诸多工程领域，如雷达散射截面（Radar Cross Section，RCS）预估、天线设计、电磁兼容性分析、遥感遥测技术、微波器件仿真及生物医学成像等。先后出现的脉冲基函数、三角基函数、正弦基函数、屋顶基函数和 RWG（Rao-Wilton-Glisson）基函数等，使矩量法不仅能够解决一维问题和简单的二维问题，而且能够十分精确地解决任意表面的问题。随后为了适应大尺寸问题的需要，又出现了基于矩量法的共轭梯度快速傅里叶变换（Conjugate Gradient Fast Fourier Transform，CG-FFT）、自适应积分法（Adaptive Integration Method，AIM）及快速多极子法（Fast Multipole Method，FMM）等多种快速算法。快速算法的引入虽然使矩量法能够解决的问题规模大大增加，但不能从根本上克服矩量法的局限性。

基于表面积分方程的矩量法可以计算具有任意形状目标的电磁散射，同时能保证高精度、高效率。以金属目标的电磁散射为例，首先从麦克斯韦方程组出发，根据等效原理得到目标表面的等效电流，场源关系可由格林定理得到，联合边界条件直接导出其表面的积分方程；然后运用矩量法将表面积分方程离散为矩阵方程；最后求解矩阵方程，可得到目标表面的等效电流。获得目标表面的等效电流后，空间任意一点的电磁场都可以用等效电流表达出来。这便是采用矩量法求解电磁散射问题的一般实现过程。在采用矩量法求解表面积分方程时，首先要面对的一个关键问题是采用适当的基函数对等效源进行离散。基函数的选取具有很大的灵活性，在考虑不同形式基函数的特性对其进行选择时，既要考虑离散积分方程获得的解的精度高低问题，又要考虑最终形成的矩阵方程系统求解的效率问题。1982 年，由 Rao、Wilton和 Glisson 提出的在三角形网格单元上构建的 RWG 基函数是极其经典、目前使用最为广泛的基函数之一，它能准确地描述目标表面的电流特征。要面对的另一个比较重要的问题是积分方程离散后形成的矩阵方程系统的快速、高效求解。矩阵方程的数值解法可以分为直接法和迭代法两类。直接法的求解效率对矩阵性态的依赖性相对较低，但计算复杂度通常随着目标规模的增大而增加，所需的计算时间与内存增加得很快，求解矩阵的规模受到限制。迭代法的内存需求相比直接法少很多，但迭代收敛情况对矩阵系统的性态依赖性很强，对于性态不好的矩阵收敛缓慢甚至无法收敛，通常可以采用预处理技术来加速迭代。矩量法离散积分方程后生成的矩阵为满秩矩阵，其性态相对较好，适合采用迭代法进行求解，但如何构建有效的数值求解模型仍极为其关键。

矩量法中的核心部分是基函数，基函数可以按照一定的数学规则自由定义，这使得矩量法具有很大的灵活性。基函数和权函数的选择是矩量法中关键的问题。常见的基函数和权函数选择方法有两类：一类是比较常用的点匹配法；另一类是 Galerkin 法，其优点是未知量少，通常能获得较高的精度，缺点是计算系数矩阵较为困难。在利用矩量法求解表面积分方程时，需要在物体表面构造基函数。同时，基函数的构造方法是直接与物体表面相关的建模方法。当今最常见的面基函数有两种：一种是基于平面三角形建模的低阶基函数，如 RWG 基函数；另一种是基于参数曲面建模的高阶基函数，如高阶叠层型基函数。

为了克服矩量法的局限性，国外学者提出了高阶矩量法，它采用高阶基函数结合伽辽金法（Galerkin Method）。高阶矩量法是指基函数采用高阶展开式的矩量法。相比基于低阶基函数的矩量法，高阶矩量法中引入了高阶基函数，大大减少了未知量数目。高阶基函数主要分为插值型高阶基函数和叠层型高阶基函数两种，其中叠层型高阶基函数由于定义灵活，得到了越来越广泛的应用。高阶基函数是定义在尺寸较大的曲面上的，因此阻抗元素的求解更为复杂。

第4章　粒子散射特性的 DDA 数值计算方法

4.1　DDA 法

本节主要对离散偶极子近似（Discrete Dipole Approximation，DDA）法进行讨论[48]。DDA 法由 Purcell 和 Pennypacker[49]于 1973 年提出，经过进一步的改进，发展成一种能对任意形状、非均匀和各向异性粒子光散射进行计算的方法，广泛用于对大气中的气溶胶、水滴、冰晶等的光学散射特性进行计算。DDA 法的基本思想是将目标散射体用有限个离散且相互作用的偶极子阵列来替代，通过任意一个点对局域电场的响应获取电偶极矩。这些点的辐射总和就构成总的散射场。

DDA 法广泛用于对任意形状粒子的光散射与吸收特性进行理论模拟。相比其他计算方法，DDA 法更适用于进行复杂结构、多聚体粒子的理论模拟研究。DDA 法主要可用于以下几种情况。

（1）椭球形核壳结构粒子散射特性的研究，如由内外层厚度、入射波长、尺寸大小等导致的散射特性变化的研究。

（2）特殊形状粒子散射特性的研究，如四面体、立方体、圆柱等对特定入射波长散射特性的研究。

（3）大量团聚体散射特性的研究，如烟煤、沙尘等气溶胶粒子团聚体散射特性的研究。

DDA 法是一种用来求解物体散射电磁波的计算方法，使用 N 个离散、互相作用且按周期排列的偶极子阵列来模仿目标粒子或粒子集合，通过求解偶极子在入射电磁波照射下的极化度来获得复杂簇团粒子吸收、散射电磁波或光波的性质。偶极子的数量是影响 DDA 法精度的关键因素。只有当偶极子足够多时，才能更好地反映原目标物的外形特征。在 DDA 法中，粒子的复折射率、波数和单个偶极子的边长需要满足的条件为

$$|m| \cdot kd \leqslant 1 \tag{4-1}$$

式中，m 为粒子的复折射率；k 为波数；d 为单个偶极子的边长。结果越接近 1，DDA 法的近似值和实际值偏差越大。当目标介质和入射波长一定时，偶极子阵列越细致，结果越精确。

假设第 j 个偶极子位于 r_j（$j = 1, 2, \cdots, N$），偶极子的极化率为 α_j，则电偶极矩 P_j，即极化强度[50]为

$$P_j = \alpha_j \cdot E_j \tag{4-2}$$

式中，E_j 为 r_j 处总的散射场，包括入射场 E_j^{inc} 和其余 $N-1$ 个偶极子的散射场，$E_j = E_j^{\text{inc}} - \sum_{k \neq j} A_{jk} P_k$。电偶极矩 P_j 满足 $3N$ 个复线性方程组[51]，即

$$\sum_{k=1}^{N} A_{jk} \cdot P_k = E_j^{\text{inc}} \tag{4-3}$$

由式（4-3）可解出 P_k，即可知道偶极子的电偶极矩 P_j，由此可得到粒子的吸收截面 C_{abs}、散射截面 C_{sca} 和消光截面 C_{ext}[52]分别为

$$C_{\text{abs}} = \frac{4\pi k}{|E_j^{\text{inc}}|^2} \sum_{j=1}^{N} \left\{ \text{Im}[P_j \cdot (\alpha_j^{-1})^* P_j^*] - \frac{2}{3} k^3 |P_j|^2 \right\} \tag{4-4}$$

$$C_{\text{sca}} = C_{\text{ext}} - C_{\text{abs}} = \frac{k^4}{|E_j^{\text{inc}}|^2} \int \mathrm{d}\Omega \left| \sum_{j=1}^{N} \left[P_j - \boldsymbol{n}(\boldsymbol{n} \cdot P_j) \right] \times \exp(-\mathrm{i}k\boldsymbol{n} \cdot r_j) \right|^2 \tag{4-5}$$

$$C_{\text{ext}} = \frac{4\pi k}{|E_0|^2} \sum_{j=1}^{N} \{ \text{Im}(E_{\text{inc},j}^* \cdot P_j) \} = C_{\text{abs}} + C_{\text{sca}} \tag{4-6}$$

由式（4-4）、式（4-5）和式（4-6）可得到吸收系数、散射系数和消光系数：$Q_{\text{abs}} = \dfrac{C_{\text{abs}}}{\pi a_{\text{eff}}^2}$，$Q_{\text{sca}} = \dfrac{C_{\text{sca}}}{\pi a_{\text{eff}}^2}$，$Q_{\text{ext}} = \dfrac{C_{\text{ext}}}{\pi a_{\text{eff}}^2} = Q_{\text{sca}} + Q_{\text{abs}}$。式（4-5）中，$\mathrm{d}\Omega$ 是立体角微元，n 是散射方向单位矢量。a_{eff} 是粒子的等体积球体的等效半径，*表示取共轭。为了进一步讨论 DDA 法中入射光强度与散射强度的关系，给出非极化散射强度的求解公式[53]，即

$$I_s(\theta) = \frac{1}{x^2} S_{11} I_0 \tag{4-7}$$

式中，S_{11} 为散射矩阵元素之一。散射强度 $I_s(\theta)$ 与入射光强度 I_0 对特定散射面的极化状态直接相关。$x = k a_{\text{eff}}$，$k = 2\pi / \lambda$，λ 为入射波长，本节将入射光强度设为单位强度（单位为 cd），定义 a_{eff} 为有效半径，即

$$a_{\text{eff}} = \left(\frac{3V}{4\pi} \right)^{1/3} \tag{4-8}$$

式中，V 为目标散射体的实际体积。散射振幅矩阵元素为

$$\begin{pmatrix} S_2 & S_3 \\ S_4 & S_1 \end{pmatrix} \tag{4-9}$$

用与入射斯托克斯参数 I_i、Q_i、U_i、V_i 和散射斯托克斯参数 I_s、Q_s、U_s、V_s 有关的 4×4 缪勒矩阵（Mueller Matrix）描述有限目标的散射特性。4×4 缪勒矩阵的求解公式[54]为

$$\begin{pmatrix} I_s \\ Q_s \\ U_s \\ V_s \end{pmatrix} = \frac{1}{k^2 r^2} \begin{pmatrix} S_{11} & S_{12} & S_{13} & S_{14} \\ S_{21} & S_{22} & S_{23} & S_{24} \\ S_{31} & S_{32} & S_{33} & S_{34} \\ S_{41} & S_{42} & S_{43} & S_{44} \end{pmatrix} \begin{pmatrix} I_i \\ Q_i \\ U_i \\ V_i \end{pmatrix} \tag{4-10}$$

式中，4×4 缪勒矩阵中的各元素 S_{ij} 分别为

$$S_{11} = \frac{|S_1|^2 + |S_2|^2 + |S_3|^2 + |S_4|^2}{2} \tag{4-11}$$

$$S_{12} = \frac{|S_1|^2 - |S_2|^2 + |S_4|^2 - |S_3|^2}{2} \tag{4-12}$$

$$S_{13} = \text{Re}(S_2 S_3^* + S_1 S_4^*) \tag{4-13}$$

$$S_{14} = \text{Im}(S_2 S_3^* - S_1 S_4^*) \tag{4-14}$$

$$S_{21} = \frac{|S_2|^2 - |S_1|^2 + |S_3|^2 - |S_4|^2}{2} \tag{4-15}$$

$$S_{22} = \frac{|S_1|^2 + |S_2|^2 - |S_3|^2 - |S_4|^2}{2} \tag{4-16}$$

$$S_{23} = \text{Re}(S_2 S_3^* - S_1 S_4^*) \tag{4-17}$$

$$S_{24} = \text{Im}(S_2 S_3^* + S_1 S_4^*) \tag{4-18}$$

$$S_{31} = \text{Re}(S_2 S_4^* + S_1 S_3^*) \tag{4-19}$$

$$S_{32} = \text{Re}(S_2 S_4^* - S_1 S_3^*) \tag{4-20}$$

$$S_{33} = \text{Re}(S_1 S_2^* + S_3 S_4^*) \tag{4-21}$$

$$S_{34} = \text{Im}(S_2 S_1^* + S_4 S_3^*) \tag{4-22}$$

$$S_{41} = \text{Im}(S_4 S_2^* + S_1 S_3^*) \tag{4-23}$$

$$S_{42} = \text{Im}(S_4 S_2^* - S_1 S_3^*) \tag{4-24}$$

$$S_{43} = \text{Im}(S_1 S_2^* - S_3 S_4^*) \tag{4-25}$$

$$S_{44} = \text{Re}(S_1 S_2^* - S_3 S_4^*) \tag{4-26}$$

要想使利用 DDA 法进行粒子散射计算具有有效性，必须满足以下三点要求。

（1）对于复折射率介质，与折射率实部相比，如果折射率虚部较小，则应满足 $|m|kd<1$；如果折射率虚部较大，则为了精确计算散射相位函数，此时的标准应改为 $|m|kd<0.5$。其中，m 是介质的相对折射率，$k=\dfrac{2\pi}{\lambda}$ 是波数，d 是相邻两个偶极子的间距（比入射波长要小）。

（2）为了满足计算准确性的要求，对于有限散射体目标的计算，需要的最小偶极子数应满足 $N\geqslant1040\left(\dfrac{r|m|}{\rho\lambda}\right)^3$。

（3）相邻两个偶极子的间距越小，散射计算结果的精确度就越高。

设入射波长 $\lambda=1.06\,\mu m$，粒子半径 $R=\dfrac{\lambda}{4}$，晶核与粒子尺寸比满足 $r{:}R=$ 2:5，利用 DDA 法和米氏散射理论对双层核壳结构冰晶粒子关于式（4-11）～式（4-26）的 S_{11}、$\dfrac{S_{12}}{S_{11}}$、$\dfrac{S_{33}}{S_{11}}$ 和 $\dfrac{S_{34}}{S_{11}}$ 四个元素进行数值模拟，结果如图 4-1 所示。从图 4-1 中可以看出，利用 DDA 法和米氏散射理论得到的双层核壳结构冰晶粒子散射特性曲线基本一致，DDA 法对双层核壳结构冰晶粒子的散射计算结果精确度满足要求。

综上，DDA 法是当前研究核壳结构粒子散射最常用的方法之一，能够更加有效地处理复杂的散射问题；米氏散射理论的应用局限于多层球的散射计算。DDA 法在处理更复杂的核壳结构粒子散射问题时能进行准确的数值计算，只需设置目标散射体的参数，就能获取任意形状的介质粒子散射和吸收的数据。比起米氏散射理论，在计算小尺寸、非球形的核壳结构粒子散射特性时，DDA 法的优势十分明显。特别是在计算复杂的多个团聚形冰晶粒子散射特性时，DDA 法的数值计算结果更加精确。

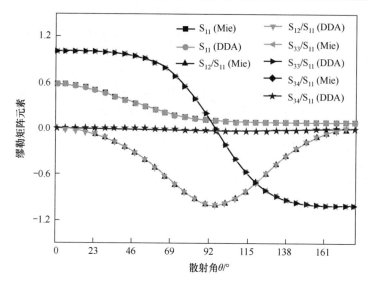

图 4-1　利用 DDA 法和米氏散射理论得到的双层核壳结构冰晶粒子散射特性曲线

4.2　球形和椭球形粒子的散射特性 DDA 数值计算

对流层气溶胶粒子按组成成分可分为四大类，即水溶性气溶胶粒子、沙尘气溶胶粒子、海洋性气溶胶粒子和烟煤气溶胶粒子，粒子的半径在 0.001～25 μm 范围内。目前，虽对沙尘气溶胶粒子和烟煤气溶胶粒子散射特性的研究较多，但缺乏对气溶胶粒子作为晶核介质时的核壳结构冰晶粒子散射特性的研究。本节主要讨论四种气溶胶粒子作为晶核介质时，球形、椭球形两种理想核壳结构冰晶粒子的散射特性，并且严格推导晶核和冰晶中间混合层的折射率计算公式，分析改变入射波长、晶核尺寸及晶核介质对核壳结构冰晶粒子的消光系数、吸收系数和散射系数的影响情况，得出当四种气溶胶粒子核壳结构冰晶粒子的晶核尺寸不断增大时，消光系数、吸收系数和散射系数的变化规律，同时对其他数值结果进行详细的总结和分析。

4.2.1　中间混合层折射率

假定核壳结构冰晶粒子的中间混合层是均匀的，且只有 x 和 y 两种组成成分，在考虑介质吸收性时的折射率分别为 $\text{Re}(n_x)+\text{Im}(n_x)$ 和 $\text{Re}(n_y)+\text{Im}(n_y)$。

对于中间混合层折射率的计算，取中间混合层的一个单位立方体元素，设每单位中间混合层的两种介质分子不考虑吸收性时的折射率分别为 n_1 和 n_2，则有[55]

$$n_1 = \text{Re}(n_x) \tag{4-27}$$

$$n_2 = \text{Re}(n_y) \tag{4-28}$$

$$n_1 + n_2 = \text{Re}(n_x + n_y) \tag{4-29}$$

式中，n_1、n_2 分别为 x 和 y 两种介质的折射率实部；$n_1 + n_2$ 为 x 和 y 两种介质折射率之和的实部。这里有

$$k_1 = \frac{n_1}{n_1 + n_2} = \frac{\text{Re}(n_x)}{\text{Re}(n_x + n_y)} \tag{4-30}$$

$$k_2 = \frac{n_2}{n_1 + n_2} = \frac{\text{Re}(n_y)}{\text{Re}(n_x + n_y)} \tag{4-31}$$

在中间混合层折射率的计算中，假设每种中间混合层的单个分子所占的体积百分比相等，采用计算电容的方法推导中间混合层折射率，可得到电容并联、电容串联和均匀混合三种特殊混合模型，如图 4-2 所示。

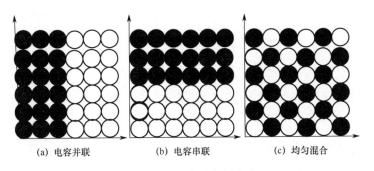

(a) 电容并联　　　　　　(b) 电容串联　　　　　　(c) 均匀混合

图 4-2　三种特殊混合模型

电容并联和电容串联两种模型的相对介电常数求解公式为

$$\varepsilon_{\text{p}} = k_1 \varepsilon_1 + k_2 \varepsilon_2 \tag{4-32}$$

$$\varepsilon_s = \frac{\varepsilon_1 \varepsilon_2}{k_1 \varepsilon_2 + k_2 \varepsilon_1} \tag{4-33}$$

式中，ε_1、ε_2 分别表示两种介质的相对介电常数。介质相对于真空的折射率计算公式[56]为

$$n = \sqrt{\frac{\mu \varepsilon}{\mu_0 \varepsilon_0}} = \sqrt{\frac{\mu}{\mu_0}} \varepsilon_r \tag{4-34}$$

式中，μ、μ_0 分别表示介质磁导率和真空磁导率，且满足 $\mu \approx \mu_0$。由式（4-32）、式（4-33）和式（4-34）可得

$$n_p^2 = k_1 n_1^2 + k_2 n_2^2 \tag{4-35}$$

$$n_s^2 = \frac{n_1^2 n_2^2}{k_1 n_2^2 + k_2 n_1^2} \tag{4-36}$$

式中，n_p、n_s 分别为中间混合层电容并联和电容串联的折射率。

实际上，由于中间混合层是理想化的均匀介质，不可能存在两种不相等的折射率，因此不能忽略两种介质之间的相互作用。设两种介质的交互项为 $k_{12} n_1 n_2$，在两种模型的折射率计算公式中分别加入这一项后，n_p 和 n_s 应当相等，假设它们都为 n^2，则有

$$n^2 = k_1 n_1^2 + k_2 n_2^2 + k_{12} n_1 n_2 = \frac{n_1^2 n_2^2}{k_1 n_2^2 + k_2 n_1^2 + k_{12} n_1 n_2} \tag{4-37}$$

$$k_{12} = \frac{-(n_1^2 + n_2^2) + \sqrt{(n_1^2 + n_2^2)^2 - 4 k_1 k_2 (n_1^2 - n_2^2)^2}}{2 n_1 n_2} \tag{4-38}$$

中间混合层的折射率计算公式为

$$n = \left\{ k_1 n_1^2 + k_2 n_2^2 - \frac{1}{2} \left[(n_1^2 + n_2^2) - \sqrt{(n_1^2 + n_2^2)^2 - 4 k_1 k_2 (n_1^2 - n_2^2)^2} \right] \right\}^{\frac{1}{2}} \tag{4-39}$$

设中间混合层是由烟煤气溶胶粒子和冰晶粒子均匀混合而成的。取入射波

长 λ 为 $0.86\,\mu m$ 、 $1.06\,\mu m$ ，烟煤气溶胶粒子的折射率分别为 $1.75+0.43i$ 和 $1.75+0.44i$ ，冰晶粒子的折射率分别为 $1.3039+2.15\times10^{-7}i$ 和 $1.3005+1.69\times10^{-6}i$ 。由计算可知，在两种入射波长下，烟煤–冰晶中间混合层的折射率分别为 1.5438 和 1.5664。

4.2.2 单个球形核壳结构冰晶粒子的散射特性

球形冰晶粒子的三种特殊结构如图 4-3 所示。考虑中间混合层的核壳结构冰晶粒子由内到外的 4 个部分分别为 1、2、3、4，分别表示晶核介质、中间混合层介质、冰晶介质和真空介质。其中，R 为冰晶粒子半径，r 为晶核半径，d 为中间混合层厚度。

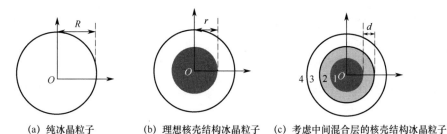

(a) 纯冰晶粒子　　(b) 理想核壳结构冰晶粒子　(c) 考虑中间混合层的核壳结构冰晶粒子

图 4-3　球形冰晶粒子的三种特殊结构

1. 球形晶核对核壳结构冰晶粒子散射特性的影响

设入射波长分别为 $\lambda=0.86\,\mu m$ 、 $\lambda=1.06\,\mu m$ 和 $\lambda=1.55\,\mu m$ ，选取烟煤气溶胶粒子作为晶核介质，晶核与粒子尺寸比满足 $r{:}R{=}1{:}2$ 。图 4-4 给出了粒子尺寸分别为 $R=\dfrac{\lambda}{10}$ 和 $R=\lambda$ 时，两个核壳结构冰晶粒子的散射强度随散射角的变化曲线。从图 4-4（a）中可以看出，在 $\lambda=0.86\,\mu m$ 、 $\lambda=1.06\,\mu m$ 和 $\lambda=1.55\,\mu m$ 三种入射波长下， $\lambda=1.55\,\mu m$ 的核壳结构冰晶粒子的散射强度最大， $\lambda=0.86\,\mu m$ 的核壳结构冰晶粒子的散射强度最小。对比图 4-4（a）和图 4-4（b）可知，随着散射角的增大，大尺寸的核壳结构冰晶粒子的散射强度分布比小尺寸的核壳结构冰晶粒子的散射强度分布更复杂，且大尺寸的核壳结构冰晶粒子的前向散射更明显。

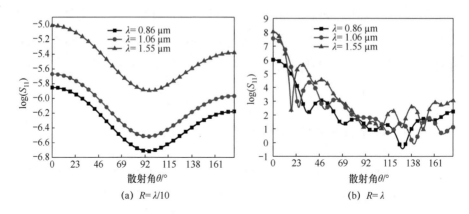

图 4-4 入射波长对核壳结构冰晶粒子散射强度的影响

设入射波长 $\lambda = 1.06\ \mu m$，选取烟煤气溶胶粒子作为晶核介质，粒子尺寸 $R = \dfrac{\lambda}{4}$。图 4-5（a）给出了晶核尺寸不变，随着外层冰晶厚度的增大，散射强度随散射角的变化曲线。在入射波长和粒子尺寸不变的条件下，图 4-5（b）给出了外层冰晶厚度不变，随着晶核尺寸的增大，散射强度随散射角的变化曲线。

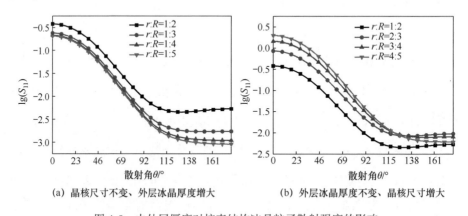

图 4-5 内外层厚度对核壳结构冰晶粒子散射强度的影响

从图 4-5（a）中可以看出，增大外层冰晶厚度，散射强度整体减小，增大外层冰晶厚度对后向散射强度的影响明显大于对前向散射强度的影响。当晶核尺寸不变、外层冰晶厚度增大到一定程度时，核壳结构冰晶粒子的散射强度趋于稳定。

从图 4-5（b）中可以看出，随着晶核尺寸的增大，核壳结构冰晶粒子的前向散射强度呈递增趋势，后向散射强度的变化情况较复杂。这是因为，在后向散射场区域，来自不同方向的光波相互作用，导致后向散射场区域内的光学现象较为复杂。

由图 4-5 可知，当粒子尺寸不变时，对核壳结构冰晶粒子的散射强度影响较大的参数为内外层厚度，同时内外层介质的相互作用也会对核壳结构冰晶粒子的散射强度产生影响。

2. 中间混合层厚度对核壳结构冰晶粒子散射特性的影响

设入射波长 $\lambda = 1.06\ \mu m$，选取烟煤气溶胶粒子作为晶核介质，粒子尺寸分别为 $R = \dfrac{\lambda}{2}$ 和 $R = \lambda$，晶核尺寸 $r = \dfrac{R}{5}$。当中间混合层厚度从 $d = \dfrac{R}{10}$ 增大至 $d = \dfrac{R}{2}$ 时，两种不同尺寸的核壳结构冰晶粒子的散射强度随散射角的变化曲线如图 4-6（a）、（b）所示。

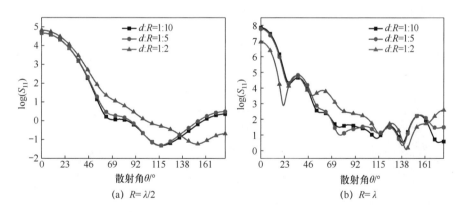

图 4-6　中间混合层厚度对核壳结构冰晶粒子散射强度的影响

从图 4-6（a）中可以看出，中间混合层厚度对 $R = \dfrac{\lambda}{2}$ 的核壳结构冰晶粒子后向散射强度的影响明显大于前向散射强度，且随着中间混合层厚度的增大，核壳结构冰晶粒子的前、后向散射强度比值增大。

从图 4-6（b）中可以看出，粒子尺寸会影响中间混合层对整个散射场区域的散射强度，特别是较大尺寸的核壳结构冰晶粒子。这些粒子在前、后向散射强度比值上显示出较小的差异。这是因为，它们的各层参数不同，导致散射光在三个介质层中的相互作用产生了差异。

3. 晶核形状对核壳结构冰晶粒子散射特性的影响

考虑到大气中气溶胶粒子结构的复杂性，建立如图 4-7 所示的球形、长椭球形和扁椭球形三种晶核形状的核壳结构冰晶粒子结构模型。在图 4-7（d）～图 4-7（f）中，r 表示球形晶核半径；对于长椭球形晶核，r_1、r_2 分别表示长半轴和短半轴，长、短半轴比满足 $r_1{:}r_2{=}2{:}1$；对于扁椭球形晶核，r_1、r_2 分别表示短半轴和长半轴，长、短半轴比满足 $r_2{:}r_1{=}2{:}1$。三种晶核形状的核壳结构冰晶粒子的中间混合层厚度均为 d。

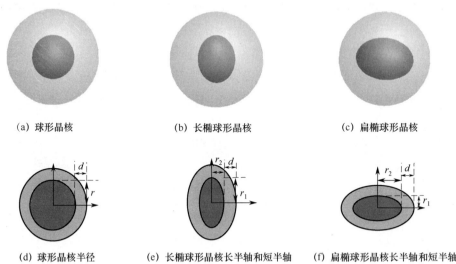

（a）球形晶核   （b）长椭球形晶核   （c）扁椭球形晶核

（d）球形晶核半径   （e）长椭球形晶核长半轴和短半轴   （f）扁椭球形晶核长半轴和短半轴

图 4-7 核壳结构冰晶粒子结构模型

设入射波长 $\lambda = 1.06\,\mu\text{m}$，选取烟煤气溶胶粒子作为晶核介质，粒子尺寸 $R = \dfrac{\lambda}{2}$，球形晶核半径 $r = \dfrac{R}{5}$，长椭球形晶核短半轴 $r_2 = \dfrac{R}{5}$，扁椭球形晶核短

半轴 $r_1 = \dfrac{R}{5}$。图 4-8（a）给出了理想核壳结构冰晶粒子的散射强度随散射角的变化曲线。其他条件不变，中间混合层厚度 $d = \dfrac{R}{5}$ 时的核壳结构冰晶粒子的散射强度随散射角的变化曲线如图 4-8（b）所示。

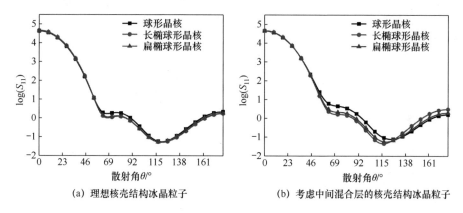

（a）理想核壳结构冰晶粒子　　　　　（b）考虑中间混合层的核壳结构冰晶粒子

图 4-8 　 核壳结构冰晶粒子的散射强度与散射角的关系

从图 4-8 中可以看出，三种晶核形状的理想核壳结构冰晶粒子散射特性的偏差较小，晶核形状对后向散射影响较大。与理想核壳结构冰晶粒子相比，考虑中间混合层时三种晶核形状的核壳结构冰晶粒子的散射特性偏差更大。

设入射波长 $\lambda = 1.06\ \mu\mathrm{m}$，选取烟煤气溶胶粒子作为晶核介质，球形粒子尺寸满足 $R = a_{\mathrm{eff}}$，球形晶核半径 $r = \dfrac{R}{5}$，长椭球形晶核短半轴 $r_2 = \dfrac{R}{4}$，扁椭球形晶核短半轴 $r_1 = \dfrac{R}{4}$，当球形、长椭球形和扁椭球形三种晶核形状的核壳结构冰晶粒子的有效尺寸从 $a_{\mathrm{eff}} = \dfrac{\lambda}{100}$ 增大到 $a_{\mathrm{eff}} = \lambda$ 时，三种晶核形状的核壳结构冰晶粒子的消光系数、吸收系数和散射系数的变化曲线如图 4-9 所示。

从图 4-9 中可以看出，随着粒子有效尺寸的增大，球形、长椭球形、扁椭球形三种晶核形状的核壳结构冰晶粒子的消光系数、吸收系数和散射系数呈现不同的变化趋势。当粒子有效尺寸 $a_{\mathrm{eff}} < \dfrac{\lambda}{2}$ 时，球形晶核的核壳结构冰晶粒子的消光系数、吸收系数和散射系数最大，长椭球形晶核的核壳结构冰晶

粒子的消光系数、吸收系数和散射系数最小。当粒子有效尺寸增大到 $a_{\text{eff}} > \dfrac{\lambda}{2}$ 时，这种情况发生了改变。随着有效尺寸的增大，三种晶核形状的球形核壳结构冰晶粒子的消光系数、吸收系数和散射系数出现偏差。这是由于晶核尺寸的不同，导致球形、长椭球形和扁椭球形三种晶核体积占总体积的比例不同，核壳结构冰晶粒子的散射特性与内外层介质的相互作用有关。

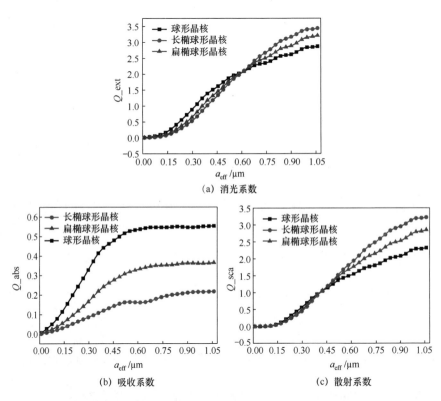

（a）消光系数

（b）吸收系数

（c）散射系数

图 4-9　晶核形状对核壳结构冰晶粒子散射特性的影响

4. 球形核壳结构冰晶粒子的缪勒矩阵元素与散射角的关系

在粒子的散射特性研究中，缪勒矩阵是描述粒子在整个散射场区域激光散射强度分布情况的重要物理参量之一。在无极化入射波长下，粒子的缪勒矩阵元素 S_{11}、S_{12}、S_{33} 和 S_{34} 反映了粒子的入射光强度在散射场区域内的分布情况及极化状态。为了深入分析核壳结构对球形冰晶粒子散射特性的影响情况，这里以球形纯冰晶粒子、球形理想核壳结构冰晶粒子及考虑中间混合层的球形核壳结构冰晶粒子为研究对象，比较三种特殊结构的球形冰晶粒子的散射特性。假设球形理想核壳结构冰晶粒子及考虑中间混合层的球形核壳结构冰晶粒子的尺寸比分别满足 $r:R=1:2$ 和 $d:r:R=1:2:4$，入射波长 $\lambda=1.06\ \mu m$，选取烟煤气溶胶粒子作为晶核介质，粒子尺寸固定为 $R=\dfrac{\lambda}{2}$。图 4-10（a）～（d）分别给出了球形纯冰晶粒子、球形理想核壳结构冰晶粒子及考虑中间混合层的球形核壳结构冰晶粒子的缪勒矩阵元素 S_{11}、$\dfrac{S_{12}}{S_{11}}$、$\dfrac{S_{33}}{S_{11}}$ 和 $\dfrac{S_{34}}{S_{11}}$ 随散射角的变化曲线。

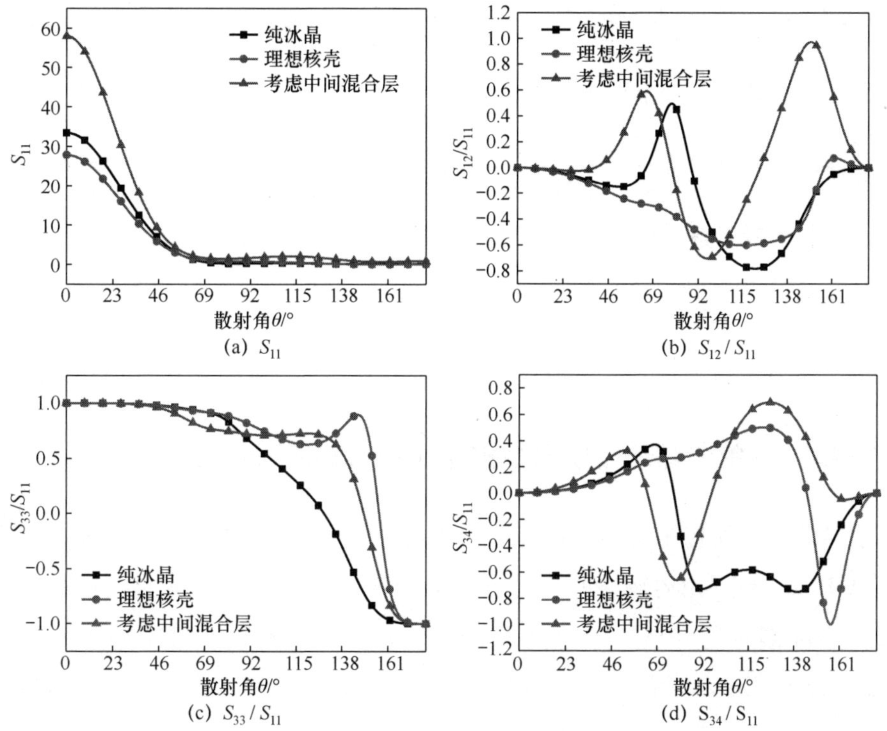

(a) S_{11}　(b) S_{12}/S_{11}　(c) S_{33}/S_{11}　(d) S_{34}/S_{11}

图 4-10　三种特殊结构的球形冰晶粒子的缪勒矩阵元素与散射角的关系

从图 4-10（a）中可以看出，在球形纯冰晶粒子、球形理想核壳结构冰晶粒子和考虑中间混合层的球形核壳结构冰晶粒子中，缪勒矩阵元素的前向散射强度最大的是考虑中间混合层的球形核壳结构冰晶粒子，前向散射强度最小的是球形理想核壳结构冰晶粒子，随着散射角的增大，散射强度呈衰减趋势。

球形纯冰晶粒子与球形理想核壳结构冰晶粒子及考虑中间混合层的球形核壳结构冰晶粒子在散射角 $\theta = 130°$ 附近的缪勒矩阵元素 $\frac{S_{12}}{S_{11}}$ 和 $\frac{S_{34}}{S_{11}}$ 存在显著差异。在三种球形冰晶粒子中，球形理想核壳结构冰晶粒子的缪勒矩阵元素 $\frac{S_{12}}{S_{11}}$、$\frac{S_{34}}{S_{11}}$ 曲线与其他两种球形冰晶粒子的缪勒矩阵元素 $\frac{S_{12}}{S_{11}}$、$\frac{S_{34}}{S_{11}}$ 曲线偏差最大，这种偏差在除散射角 $\theta = 0°$ 和 $\theta = 180°$ 之外的任何散射场区域都很显著。此外，在这三种球形冰晶粒子中，缪勒矩阵元素 $\frac{S_{12}}{S_{11}}$ 和 $\frac{S_{34}}{S_{11}}$ 都在零值附近出现振荡，这也是一个显著特征。

与缪勒矩阵元素 $\frac{S_{12}}{S_{11}}$ 和 $\frac{S_{34}}{S_{11}}$ 不同的是，球形纯冰晶粒子、球形理想核壳结构冰晶粒子及考虑中间混合层的球形核壳结构冰晶粒子的缪勒矩阵元素 S_{11}、$\frac{S_{33}}{S_{11}}$ 分别在前向散射场区域（$0° < \theta < 40°$）和后向散射场区域（$90° < \theta < 160°$）有较大偏差。

4.2.3 单个椭球形核壳结构冰晶粒子的散射特性

椭球形冰晶粒子的三种特殊结构如图 4-11 所示。考虑中间混合层的核壳结构冰晶粒子由内到外的 4 个部分分别为 1、2、3、4，分别表示晶核介质、中间混合层介质、冰晶介质和真空介质。对于长椭球形冰晶粒子，a、b 分别表示粒子的长半轴和短半轴，r_1、r_2 分别表示晶核的长半轴和短半轴，d 表示中间混合层厚度；对于扁椭球形冰晶粒子，a、b 分别表示粒子的短半轴和长半轴，r_1、r_2 分别表示晶核的短半轴和长半轴，d 表示中间混合层厚度。

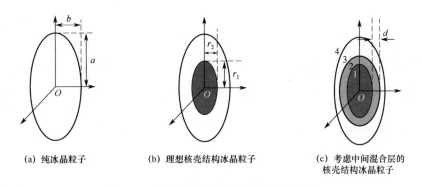

(a) 纯冰晶粒子　　　　(b) 理想核壳结构冰晶粒子　　　　(c) 考虑中间混合层的
核壳结构冰晶粒子

图 4-11　椭球形冰晶粒子的三种特殊结构

设入射波长 $\lambda = 1.06\,\mu m$，选取烟煤气溶胶粒子作为晶核介质，长椭球形核壳结构冰晶粒子的长、短半轴比满足 $a:b = 2:1$，当短半轴分别为 $b = \dfrac{\lambda}{4}$、$b = 2.0\lambda$、$b = 2.5\lambda$ 时，长椭球形核壳结构冰晶粒子的消光系数、吸收系数和散射系数随晶核尺寸（长、短半轴比满足 $r_1:r_2 = 2:1$）的变化曲线分别如图 4-12（a）～（c）所示。

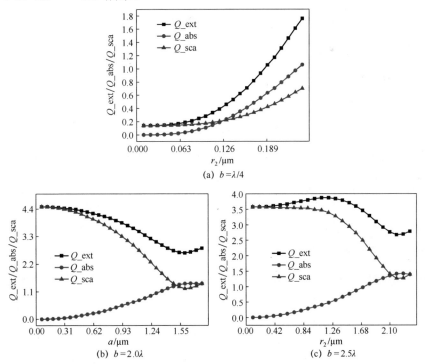

(a) $b = \lambda/4$

(b) $b = 2.0\lambda$　　　　(c) $b = 2.5\lambda$

图 4-12　晶核尺寸对长椭球形核壳结构冰晶粒子散射特性的影响

从图 4-12 中可以看出，$b = \dfrac{\lambda}{4}$、$b = 2.0\lambda$、$b = 2.5\lambda$ 三种尺寸的长椭球形核壳结构冰晶粒子的散射特性呈现不同的变化趋势。从图 4-12（a）中可以看出，随着晶核尺寸的增大，$b = \dfrac{\lambda}{4}$ 的长椭球形核壳结构冰晶粒子的消光系数、吸收系数和散射系数也增大，当晶核尺寸接近长椭球形核壳结构冰晶粒子的尺寸时，消光系数、吸收系数和散射系数取得最大值。

从图 4-12（b）中可以看出，随着晶核尺寸的增大，$b = 2.0\lambda$ 的长椭球形核壳结构冰晶粒子的消光系数和散射系数呈先衰减后递增的变化趋势，吸收系数呈递增趋势。从图 4-12（c）中可以看出，$b = 2.5\lambda$ 的长椭球形核壳结构冰晶粒子的消光系数和散射系数在晶核尺寸 $r_2 = 1.25\lambda$ 附近取得最大值，在晶核尺寸 $r_2 = 2.25\lambda$ 附近取得最小值。

随着晶核尺寸的增大，$b = \dfrac{\lambda}{4}$、$b = 2.0\lambda$、$b = 2.5\lambda$ 三种尺寸的长椭球形核壳结构冰晶粒子的吸收系数均呈递增趋势。这是因为，随着晶核尺寸的增大，晶核介质烟煤气溶胶粒子体积占总体积的比例增大，晶核介质的折射率虚部比冰晶介质的折射率虚部大。此时，长椭球形核壳结构冰晶粒子的吸收系数可用晶核介质的折射率虚部进行计算，且长椭球形核壳结构冰晶粒子的吸收系数与晶核尺寸成正比，晶核尺寸越大，吸收系数越大。比较 $b = \dfrac{\lambda}{4}$、$b = 2.0\lambda$、$b = 2.5\lambda$ 三种尺寸的长椭球形核壳结构冰晶粒子的散射特性曲线可知，$b = \dfrac{\lambda}{4}$ 的长椭球形核壳结构冰晶粒子的消光系数、吸收系数和散射系数随晶核尺寸的分布最简单，$b = 2.5\lambda$ 的长椭球形核壳结构冰晶粒子的消光系数、吸收系数和散射系数随晶核尺寸的分布最复杂。因此，考虑晶核尺寸对大尺寸长椭球形核壳结构冰晶粒子散射特性的研究具有重要参考价值。

设入射波长 $\lambda = 1.06\ \mu\text{m}$，长椭球形核壳结构冰晶粒子的短半轴 $b = 2.5\ \mu\text{m}$，图 4-13（a）～（c）分别给出了当选取沙尘气溶胶粒子、烟煤气溶胶粒子、可溶性气溶胶粒子和海洋性气溶胶粒子作为晶核介质时，随着晶核尺寸（长、短半轴比满足 $r_1 : r_2 = 2 : 1$）的增大，长椭球形理想核壳结构冰晶粒子的消光系数、吸收系数和散射系数的变化曲线。

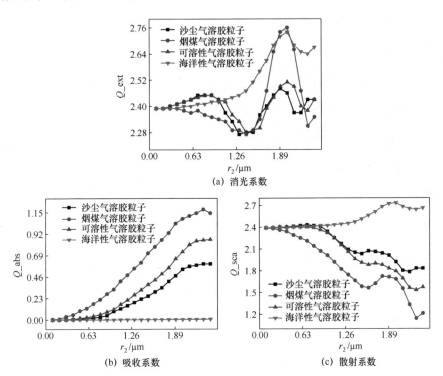

图 4-13 晶核介质对长椭球形理想核壳结构冰晶粒子散射特性的影响

从图 4-13 中可以看出，当选取沙尘气溶胶粒子和可溶性气溶胶粒子作为晶核介质时，长椭球形理想核壳结构冰晶粒子的消光系数、吸收系数和散射系数曲线基本一致。这是因为，当入射波长 $\lambda = 1.06\ \mu m$ 时，沙尘气溶胶粒子和可溶性气溶胶粒子的折射率基本相同。

从图 4-13（a）中可以看出，随着晶核尺寸的增大，沙尘气溶胶粒子、烟煤气溶胶粒子、可溶性气溶胶粒子和海洋性气溶胶粒子四种单一介质晶核的长椭球形理想核壳结构冰晶粒子的消光系数偏差增大，且均在晶核尺寸 $r_2 = \dfrac{\lambda}{5}$ 时消光系数取得最大值。

从图 4-13（b）、（c）中可以看出，随着沙尘气溶胶粒子、烟煤气溶胶粒子和可溶性气溶胶粒子三种晶核尺寸的增大，长椭球形理想核壳结构冰晶粒子的消光系数有近乎一半来自粒子对光的吸收。其他条件不变，海洋性气溶胶粒子晶核的长椭球形理想核壳结构冰晶粒子的吸收系数基本为零，它对光的衰减主要由散射引起。

从图 4-13 中也可以看出，当长椭球形理想核壳结构冰晶粒子的尺寸一定时，随着晶核尺寸的增大，烟煤气溶胶粒子、沙尘气溶胶粒子和可溶性气溶胶粒子晶核的三种长椭球形理想核壳结构冰晶粒子对光的吸收逐渐增大，即晶核尺寸越大，吸收系数越大，长椭球形理想核壳结构冰晶粒子的光散射与内外层介质的相互作用有关。

考虑气溶胶粒子组成成分的多样性，假设对流层的沙尘气溶胶粒子、烟煤气溶胶粒子、可溶性气溶胶粒子和海洋性气溶胶粒子按 1:1:1:1、7:1:1:1、4:4:1:1、3:3:3:1 的比例均匀混合组成四种不同的晶核介质，图 4-14（a）、（b）、（c）分别给出了当入射波长 $\lambda = 1.06\ \mu m$，长椭球形理想核壳结构冰晶粒子（长、短半轴比满足 $a:b=2:1$）的短半轴 $b=2.5\lambda$ 时，随着晶核尺寸（长、短半轴比满足 $r_1:r_2=2:1$）的增大，四种混合介质晶核的长椭球形理想核壳结构冰晶粒子的消光系数、吸收系数和散射系数的变化曲线。

从图 4-14 中可以看出，四种混合介质晶核的长椭球形理想核壳结构冰晶粒子的散射特性曲线基本一致。这是因为，晶核相对尺寸较小，四种混合介质比例相差不大。从图 4-14（a）中可以看出，当长椭球形理想核壳结构冰晶粒子的尺寸一定时，四种长椭球形理想核壳结构冰晶粒子的消光系数在晶核短半轴 $r_2=2.0\ \mu m$ 处取得最大值。由此可知，当长椭球形理想核壳结构冰晶粒子的尺寸固定时，内外层厚度比值对长椭球形理想核壳结构冰晶粒子的消光系数、吸收系数和散射系数影响较大；当长椭球形理想核壳结构冰晶粒子的尺寸确定时，会有一个晶核尺寸使得长椭球形理想核壳结构冰晶粒子的消光系数取得最大值。其他条件不变，随着晶核尺寸的增大，四种长椭球形理想核壳结构冰晶粒子的消光系数、吸收系数和散射系数的偏差也会逐渐增大。从图 4-14（b）、（c）中可以看出，当长椭球形理想核壳结构冰晶粒子的尺寸确定时，随着晶核尺寸的增大，散射系数呈衰减趋势，吸收系数呈递增趋势。当选择烟煤气溶胶粒子作为晶核介质时，在长椭球形理想核壳结构冰晶粒子的激光衰减研究中，不能忽略长椭球形理想核壳结构冰晶粒子对激光的吸收。

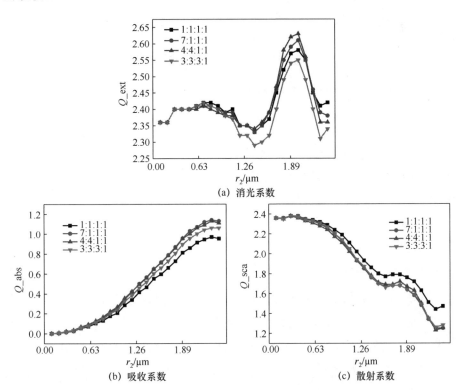

（a）消光系数

（b）吸收系数　　　　　　　　　（c）散射系数

图 4-14　混合介质晶核对长椭球形理想核壳结构冰晶粒子散射特性的影响

1．长、短半轴比对椭球形核壳结构冰晶粒子散射特性的影响

设入射波长 $\lambda = 1.06\ \mu m$，选取烟煤气溶胶粒子作为晶核介质，长椭球形核壳结构冰晶粒子的长、短半轴比由 $a:b = 25:1$ 减小到 $a:b = 2:1$，扁椭球形核壳结构冰晶粒子的长、短半轴比由 $a:b = 1:25$ 增大到 $a:b = 1:2$，晶核的

长、短半轴比与椭球形核壳结构冰晶粒子的长、短半轴比相同，且始终满足 $r_1 : a = 1:2$，图 4-15（a）、（b）分别给出了有效尺寸 $a_{\mathrm{eff}} = \dfrac{\lambda}{4}$ 时，随着散射角的增大，长、扁椭球形理想核壳结构冰晶粒子的散射强度变化曲线。

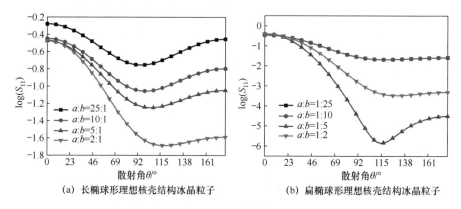

（a）长椭球形理想核壳结构冰晶粒子　　　（b）扁椭球形理想核壳结构冰晶粒子

图 4-15　椭球形理想核壳结构冰晶粒子的散射强度与散射角的关系

从图 4-15（a）中可以看出，随着长、短半轴比的减小，长椭球形理想核壳结构冰晶粒子的散射强度整体上呈衰减趋势，散射方向性增强。从图 4-15（b）中可以看出，在四种扁椭球形理想核壳结构冰晶粒子中，$a:b=1:25$ 和 $a:b=1:10$ 的两种扁椭球形理想核壳结构冰晶粒子的散射强度曲线重合，此时可以忽略长、短半轴比对扁椭球形核壳结构冰晶粒子散射强度的影响；$a:b=1:5$ 和 $a:b=1:2$ 的两种扁椭球形理想核壳结构冰晶粒子的前向散射强度几乎相等。然而，随着散射角的增大，它们的散射强度曲线开始出现较大的偏差。特别是 $a:b=1:5$ 的扁椭球形理想核壳结构冰晶粒子的前、后向散射强度比大于 $a:b=1:2$ 的扁椭球形理想核壳结构冰晶粒子的前、后向散射强度比。从图 4-15 中也可以看出，长椭球形理想核壳结构冰晶粒子的长、短半轴比越小，其前、后向散射强度比越大，显示出更强的散射方向性。然而，对于扁椭球形理想核壳结构冰晶粒子来说，其长、短半轴比与前、后向散射强度比及散射方向性之间的关系并不明显。

2. 长椭球形核壳结构冰晶粒子的散射特性

设入射波长 $\lambda = 1.06\ \mu\mathrm{m}$，长椭球形核壳结构冰晶粒子的长、短半轴

比 $a:b=2:1$ ，选取烟煤气溶胶粒子作为晶核介质，中间混合层厚度为 d 。图 4-16（a）～（f）展示了六种不同的长椭球形核壳结构冰晶粒子的结构模型，分别为球形晶核的核壳结构、长椭球形晶核的核壳结构、扁椭球形晶核的核壳结构，以及球形晶核（半径为 r ）、长椭球形晶核（长、短半轴比满足 $r_1:r_2=2:1$ ）和扁椭球形晶核（长、短半轴比满足 $r_2:r_1=2:1$ ）。

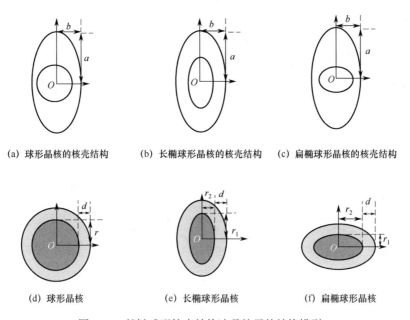

(a) 球形晶核的核壳结构　　(b) 长椭球形晶核的核壳结构　　(c) 扁椭球形晶核的核壳结构

(d) 球形晶核　　　　　　(e) 长椭球形晶核　　　　　　(f) 扁椭球形晶核

图 4-16　长椭球形核壳结构冰晶粒子的结构模型

设入射波长 $\lambda=1.06\,\mu m$ ，长椭球形核壳结构冰晶粒子的短半轴 $b=\dfrac{\lambda}{2}$ ，球形晶核半径 $r=\dfrac{\lambda}{4}$ ，长椭球形晶核短半轴 $r_2=\dfrac{\lambda}{4}$ ，扁椭球形晶核短半轴 $r_1=\dfrac{\lambda}{4}$ ，图 4-17（a）、（b）分别给出了长椭球形理想核壳结构冰晶粒子和考虑中间混合层（厚度 $d=\dfrac{\lambda}{4}$ ）的长椭球形核壳结构冰晶粒子的散射强度随散射角的变化曲线。

从图 4-17 中可以看出，与长椭球形核壳结构冰晶粒子的前向散射强度相比，晶核形状对长椭球形核壳结构冰晶粒子的后向散射强度影响更大。在球形、长椭球形和扁椭球形三种晶核形状的长椭球形核壳结构冰晶粒子中，长椭球形晶核的长椭球形核壳结构冰晶粒子的后向散射强度最大，扁椭球形晶核的长椭球形核壳结构冰晶粒子的后向散射强度最小。这是因为，在这三种晶核中，长椭球形晶核体积占总体积的比例最大，晶核介质的折射率比冰晶介质的折射率大。因此，晶核体积占总体积的比例越大，长椭球形核壳结构冰晶粒子对光的散射越强，即散射强度越大。

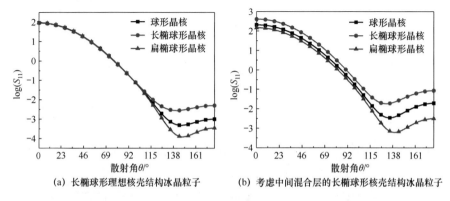

(a) 长椭球形理想核壳结构冰晶粒子　　　(b) 考虑中间混合层的长椭球形核壳结构冰晶粒子

图 4-17　晶核形状对长椭球形核壳结构冰晶粒子散射强度的影响

比较长椭球形理想核壳结构冰晶粒子和考虑中间混合层的长椭球形核壳结构冰晶粒子可知，在晶核尺寸不变的前提条件下，中间混合层导致三种晶核形状的长椭球形核壳结构冰晶粒子的前向散射强度偏差增大；在考虑中间混合层的长椭球形核壳结构冰晶粒子中，在散射场区域内，长椭球形晶核的散射强度最大，扁椭球形晶核的散射强度最小。

图 4-17 也显示了这一趋势，长椭球形晶核的长椭球形核壳结构冰晶粒子展现出最强的散射方向性，扁椭球形晶核的长椭球形核壳结构冰晶粒子的散射方向性最弱。这种差异主要源于晶核尺寸的不同，这也导致了内外层介质的相互作用程度不同。

设入射波长 $\lambda = 1.06\ \mu m$，选取烟煤气溶胶粒子作为晶核介质，长椭球形核壳结构冰晶粒子的短半轴 $b = \dfrac{\lambda}{2}$，球形晶核半径 $r = \dfrac{\lambda}{4}$，长椭球形晶核短半轴 $r_2 = \dfrac{\lambda}{4}$，扁椭球形晶核短半轴 $r_1 = \dfrac{\lambda}{4}$，当有效尺寸从 $a_{\text{eff}} = \dfrac{\lambda}{100}$ 增大到 $a_{\text{eff}} = \lambda$ 时，图 4-18（a）～（c）分别给出了三种长椭球形理想核壳结构冰晶粒子散射特性的变化情况。

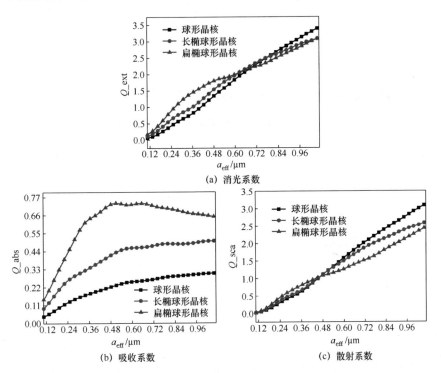

(a) 消光系数

(b) 吸收系数   (c) 散射系数

图 4-18 长椭球形理想核壳结构冰晶粒子的消光系数、吸收系数和散射系数与
有效尺寸的关系

从图 4-18（a）、（c）中可以看出，当有效尺寸 $a_{\text{eff}} < \dfrac{\lambda}{10}$ 时，球形、长椭球形和扁椭球形三种晶核形状的长椭球形理想核壳结构冰晶粒子的消光系数和散射系数曲线近似重合，晶核形状对长椭球形理想核壳结构冰晶粒子消光系数和散射系数的影响较小，几乎可以忽略。在球形、长椭球形和扁椭球形三种晶核形状的长椭球形理想核壳结构冰晶粒子中，当有效尺寸取

特定值，即 $\dfrac{\lambda}{10} < a_{\text{eff}} < \dfrac{\lambda}{2}$ 时，扁椭球形晶核的长椭球形理想核壳结构冰晶粒子的消光系数和散射系数最大，而球形晶核的长椭球形理想核壳结构冰晶粒子的消光系数和散射系数最小。然而，当 $\dfrac{\lambda}{2} < a_{\text{eff}} < \lambda$ 时，扁椭球形晶核、球形晶核的长椭球形理想核壳结构冰晶粒子的消光系数和散射系数会出现相反的趋势。

从图 4-18（b）中可以看出，当 $a_{\text{eff}} < \dfrac{\lambda}{100}$ 时，球形、长椭球形和扁椭球形三种晶核形状的长椭球形理想核壳结构冰晶粒子的吸收系数呈现快速递增趋势，之后趋于稳定。在长椭球形理想核壳结构冰晶粒子的消光系数、吸收系数和散射系数中，晶核形状对长椭球形理想核壳结构冰晶粒子的吸收系数影响最大。这是因为，球形、长椭球形和扁椭球形三种晶核体积占总体积的比例不同，对于弱吸收，吸收系数可用折射率虚部来计算，吸收系数与晶核体积占总体积的比例成正比，即晶核体积占总体积的比例越大，吸收系数就越大。

设入射波长 $\lambda = 1.06\,\mu\text{m}$，选取烟煤气溶胶粒子作为晶核介质，长椭球形理想核壳结构冰晶粒子的有效尺寸 $a_{\text{eff}} = \dfrac{\lambda}{4}$，粒子与球形晶核的尺寸比满足 $a:b:r = 4:2:1$，粒子与长椭球形晶核的尺寸比满足 $a:b:r_1:r_2 = 4:2:2:1$，粒子与扁椭球形晶核的尺寸比满足 $a:b:r_1:r_2 = 2:4:1:2$，图 4-19（a）、（b）、（c）、（d）分别给出了三种晶核形状的长椭球形理想核壳结构冰晶粒子的缪勒矩阵元素 S_{11}、$\dfrac{S_{12}}{S_{11}}$、$\dfrac{S_{33}}{S_{11}}$ 和 $\dfrac{S_{34}}{S_{11}}$ 随散射角的变化曲线。

从图 4-19 中可以看出，在长椭球形理想核壳结构冰晶粒子的四个缪勒矩阵元素 S_{11}、$\dfrac{S_{12}}{S_{11}}$、$\dfrac{S_{33}}{S_{11}}$ 和 $\dfrac{S_{34}}{S_{11}}$ 中，晶核形状对长椭球形核壳结构冰晶粒子的缪勒矩阵元素 S_{11} 的影响最大，对缪勒矩阵元素 $\dfrac{S_{34}}{S_{11}}$ 的影响最小。

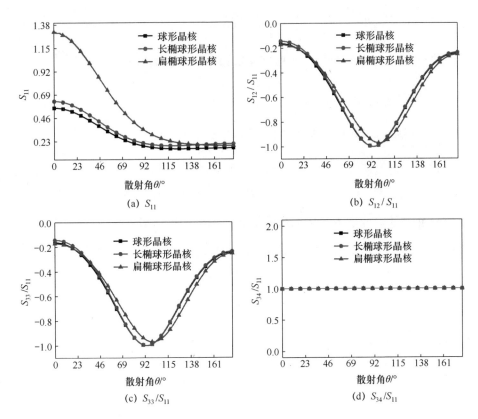

图 4-19　长椭球形理想核壳结构冰晶粒子的缪勒矩阵元素与散射角的关系

从图 4-19（a）中可以看出，与球形和长椭球形晶核的两种长椭球形理想核壳结构冰晶粒子相比，扁椭球形晶核对长椭球形理想核壳结构冰晶粒子的缪勒矩阵元素 S_{11} 的影响主要集中在前向散射场区域（$0° < \theta < 90°$），对后向散射场区域的缪勒矩阵元素 S_{11} 的影响较为有限。与其他两种长椭球形理想核壳结构冰晶粒子不同的是，扁椭球形晶核的长椭球形理想核壳结构冰晶粒子的缪勒矩阵元素 $\dfrac{S_{12}}{S_{11}}$、$\dfrac{S_{33}}{S_{11}}$ 分别在 $30° < \theta < 100°$ 和 $100° < \theta < 180°$ 时有较大偏差。

随着散射角的增大，三种晶核形状的长椭球形理想核壳结构冰晶粒子的缪勒矩阵元素 $\dfrac{S_{12}}{S_{11}}$ 和 $\dfrac{S_{33}}{S_{11}}$ 均呈先递减后递增的变化趋势，且均在 $\theta = 0°$ 时取得最大值，在 $\theta = 95°$ 附近取得最小值。晶核形状对缪勒矩阵元素 $\dfrac{S_{34}}{S_{11}}$ 没有影响，即三种晶核形状的长椭球形核壳结构冰晶粒子的缪勒矩阵元素 $\dfrac{S_{34}}{S_{11}}$ 在整个散射场区域内都取定值 1。

3. 扁椭球形核壳结构冰晶粒子的散射特性

设中间混合层厚度为 d，扁椭球形核壳结构冰晶粒子的长、短半轴比满足 $a:b=2:1$，图 4-20（a）～（f）展示了六种不同扁椭球形核壳结构冰晶粒子的结构模型，分别为球形晶核的核壳结构、长椭球形晶核的核壳结构、扁椭球形晶核的核壳结构，以及球形晶核（半径为 r）、长椭球形晶核（长、短半轴比满足 $r_1:r_2=2:1$）和扁椭球形晶核（长、短半轴比满足 $r_2:r_1=2:1$）。

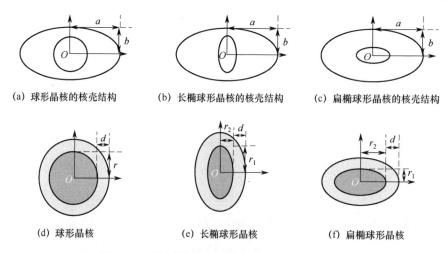

（a）球形晶核的核壳结构　　　（b）长椭球形晶核的核壳结构　　　（c）扁椭球形晶核的核壳结构

（d）球形晶核　　　　　　（e）长椭球形晶核　　　　　　（f）扁椭球形晶核

图 4-20　扁椭球形核壳结构冰晶粒子的结构模型

外层介质为冰晶，设入射波长 $\lambda = 1.06\,\mu m$，扁椭球形核壳结构冰晶粒子的短半轴 $b = \dfrac{\lambda}{2}$，球形晶核半径 $r = \dfrac{\lambda}{4}$，长椭球形晶核长半轴 $r_1 = \dfrac{\lambda}{4}$，扁椭球形晶核长半轴 $r_2 = \dfrac{\lambda}{4}$，图 4-21（a）、（b）分别给出了球形、长椭球形和扁椭球形三种晶核形状的理想及考虑中间混合层的扁椭球形核壳结构冰晶粒子的散射强度随散射角的变化曲线。

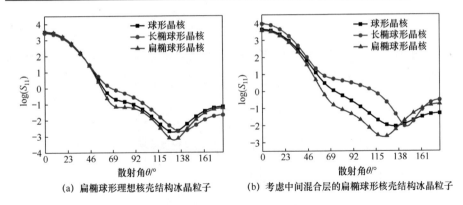

(a) 扁椭球形理想核壳结构冰晶粒子　　(b) 考虑中间混合层的扁椭球形核壳结构冰晶粒子

图 4-21　晶核形状对扁椭球形核壳结构冰晶粒子散射强度的影响

与长椭球形核壳结构冰晶粒子相比，扁椭球形核壳结构冰晶粒子随散射角的增大，散射强度曲线的起伏振荡更加显著，且球形、长椭球形和扁椭球形三种晶核形状的扁椭球形核壳结构冰晶粒子的散射强度均在 $\theta = 130°$ 附近取得最小值。

与扁椭球形核壳结构冰晶粒子在前向散射场区域内的散射强度相比，晶核形状对后向散射场区域内的散射强度影响更大。此外，晶核形状对考虑中间混合层的扁椭球形核壳结构冰晶粒子的散射强度影响更加显著。

设入射波长 $\lambda = 1.06\,\mu\text{m}$，扁椭球形理想核壳结构冰晶粒子的短半轴 $b = \dfrac{\lambda}{2}$，球形晶核半径 $r = \dfrac{\lambda}{4}$，长椭球形晶核短半轴 $r_2 = \dfrac{\lambda}{4}$，扁椭球形晶核短半轴 $r_1 = \dfrac{\lambda}{4}$，当有效尺寸从 $a_{\text{eff}} = \dfrac{\lambda}{100}$ 增大到 $a_{\text{eff}} = \lambda$ 时，图 4-22（a）、（b）、（c）展示了以上三种扁椭球形理想核壳结构冰晶粒子的消光系数、吸收系数和散射系数的变化情况。

从图 4-22 中可以看出，与长椭球形理想核壳结构冰晶粒子相比，以上三种扁椭球形理想核壳结构冰晶粒子的散射特性有一定的偏差。当 $a_{\text{eff}} < \dfrac{\lambda}{2}$ 时，球形晶核的扁椭球形理想核壳结构冰晶粒子的消光系数和散射系数最大，长椭球形晶核的扁椭球形理想核壳结构冰晶粒子的消光系数和散射系数最小；当 $a_{\text{eff}} > \dfrac{\lambda}{2}$ 时，长椭球形晶核的扁椭球形理想核壳结构冰晶粒子的消光系数和散射系数最大，球形晶核的扁椭球形理想核壳结构冰晶粒子的消光系数和散射系数最小。从图 4-22（b）中可以看出，随着有效尺寸的增大，扁椭球形理想核壳结构冰晶粒子的吸收系数呈现递增趋势，最后趋于稳定。

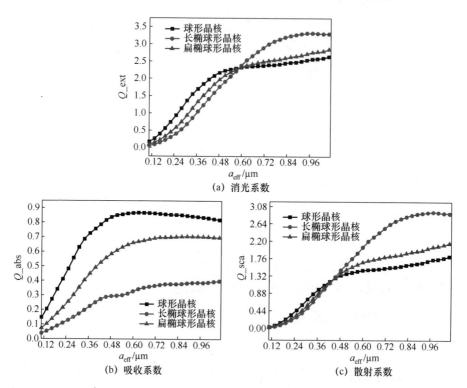

图 4-22　扁椭球形理想核壳结构冰晶粒子的消光系数、吸收系数和散射系数
与有效尺寸的关系

设入射波长 $\lambda = 1.06\ \mu m$ ，扁椭球形理想核壳结构冰晶粒子的有效尺寸 $a_{\text{eff}} = \dfrac{\lambda}{4}$ ，粒子与球形晶核的尺寸比满足 $a:b:r = 4:2:1$ ，粒子与长椭球形晶核的尺寸比满足 $a:b:r_1:r_2 = 4:2:1:2$ ，粒子与扁椭球形晶核的尺寸比满足 $a:b:r_1:r_2 = 4:2:2:1$ ，图 4-23（a）、（b）、（c）、（d）分别给出了球形、长椭球形、扁椭球形三种晶核形状的扁椭球形理想核壳结构冰晶粒子的缪勒矩阵元素 S_{11} 、 $\dfrac{S_{12}}{S_{11}}$ 、 $\dfrac{S_{33}}{S_{11}}$ 和 $\dfrac{S_{34}}{S_{11}}$ 随散射角的变化曲线。

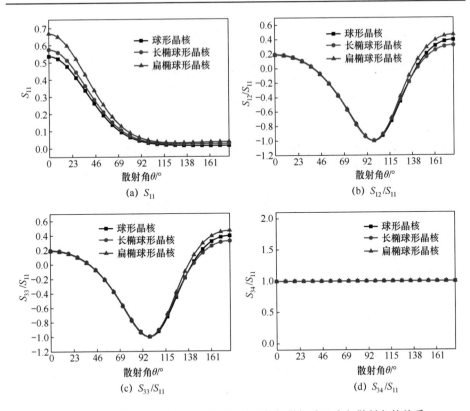

(a) S_{11}

(b) S_{12}/S_{11}

(c) S_{33}/S_{11}

(d) S_{34}/S_{11}

图 4-23　扁椭球形理想核壳结构冰晶粒子的缪勒矩阵元素与散射角的关系

从图 4-23 中可以看出，晶核形状对缪勒矩阵元素 S_{11} 的影响主要表现在前向散射场区域，且随着散射角的增大，其影响逐渐减小。相较于缪勒矩阵元素 S_{11}，晶核形状对缪勒矩阵元素 $\dfrac{S_{12}}{S_{11}}$ 和 $\dfrac{S_{33}}{S_{11}}$ 的影响主要表现在后向散射场区域（$120° < \theta < 180°$），而在前向散射场区域的影响较小。对比长、扁椭球形理想核壳结构冰晶粒子的缪勒矩阵元素随散射角的变化情况可知，两者的缪勒矩阵元素随散射角的变化趋势基本一致，但晶核形状对长、扁椭球形理想核壳结构冰晶粒子的缪勒矩阵元素在不同散射场区域有一定的影响，对长椭球形理想核壳结构冰晶粒子的缪勒矩阵元素 S_{11}、$\dfrac{S_{12}}{S_{11}}$、$\dfrac{S_{33}}{S_{11}}$ 的影响主要集中在前向和中间散射场区域，而对扁椭球形理想核壳结构冰晶粒子的缪勒矩阵元素 S_{11}、$\dfrac{S_{12}}{S_{11}}$、$\dfrac{S_{33}}{S_{11}}$ 的影响主要集中在前向和后向散射场区域。晶核形状

对于长、扁椭球形理想核壳结构冰晶粒子的缪勒矩阵元素 $\dfrac{S_{34}}{S_{11}}$ 没有影响，在整个散射场区域内，缪勒矩阵元素 $\dfrac{S_{34}}{S_{11}}$ 都取定值 1。

4.3 非球形粒子的散射特性 DDA 数值计算

自然界中的冰晶粒子形状较复杂，研究中常见的非球形冰晶粒子有六角平板形和六角棱柱形。为了使计算结果更加精确，本节建立单个球形晶核和多球团聚形晶核的六角平板与六角棱柱两种形状的核壳结构冰晶粒子结构模型，数值模拟几何参量及物理参量对以上几种特殊核壳结构冰晶粒子散射特性的影响，并且将计算结果与球形、椭球形核壳结构冰晶粒子的研究结果进行简单的对比。

4.3.1 有效尺寸对六角平板与六角棱柱冰晶粒子散射特性的影响

设入射波长 $\lambda = 1.06\ \mu m$，当六角平板与六角棱柱冰晶粒子的有效尺寸从 $a_{\text{eff}} = \dfrac{\lambda}{10}$ 增大到 $a_{\text{eff}} = \lambda$ 时，六角平板与六角棱柱冰晶粒子的消光系数、吸收系数和散射系数的变化情况如图 4-24 所示。

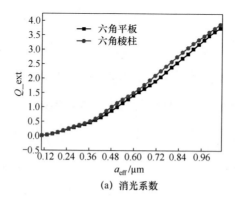

(a) 消光系数

图 4-24 六角平板与六角棱柱冰晶粒子的消光系数、吸收系数和散射系数
与有效尺寸的关系

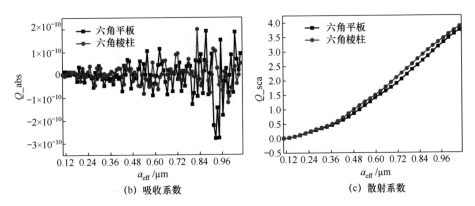

图 4-24　六角平板与六角棱柱冰晶粒子的消光系数、吸收系数和散射系数
与有效尺寸的关系（续）

从图 4-24（a）、（c）中可以看出，随着有效尺寸的增大，六角平板与六角棱柱冰晶粒子的消光系数和散射系数均呈递增趋势，且六角平板冰晶粒子的消光系数和散射系数大于六角棱柱冰晶粒子的消光系数和散射系数。这是因为，在相同条件下，六角平板冰晶粒子的体积大于六角棱柱冰晶粒子的体积，粒子的散射特性与粒子尺寸成正比。从图 4-24（b）中可以看出，六角平板与六角棱柱冰晶粒子的吸收系数基本为零，因为冰晶介质的折射率虚部几乎为零，呈现弱吸收性，对于弱吸收，可以用折射率虚部计算吸收系数，且冰晶介质的吸收系数与折射率虚部成正比，即冰晶介质的折射率虚部越小，冰晶介质的吸收系数就越小。纯冰晶粒子的激光衰减几乎不受吸收性的影响，可将纯冰晶粒子看作无吸收介质。

4.3.2　有效尺寸对六角平板与六角棱柱冰晶粒子散射强度的影响

设入射波长 $\lambda = 1.55\ \mu m$，为了研究有效尺寸对入射波在单个纯六角平板与六角棱柱冰晶粒子中传播时散射特性的影响，图 4-25（a）、（b）分别给出了 $a_{eff} = \dfrac{\lambda}{100}$、$a_{eff} = \dfrac{\lambda}{50}$、$a_{eff} = \dfrac{\lambda}{10}$、$a_{eff} = \dfrac{\lambda}{4}$ 和 $a_{eff} = \lambda$ 时，六角平板与六角棱柱冰晶粒子散射强度随散射角的变化情况。

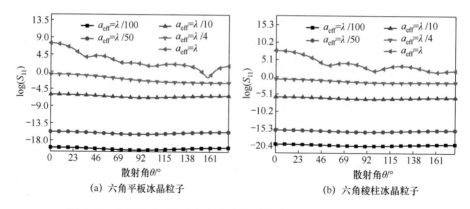

(a) 六角平板冰晶粒子　　　　　　(b) 六角棱柱冰晶粒子

图 4-25　粒子尺寸对六角平板与六角棱柱冰晶粒子散射强度的影响

从图 4-25 中可以看出，有效尺寸对六角平板与六角棱柱冰晶粒子散射强度的影响较为显著。随着有效尺寸的增大，六角平板与六角棱柱冰晶粒子的散射强度也增大。这是因为，散射强度与粒子体积成正比，即粒子体积越大，散射强度就越大，并且相较于小尺寸的六角平板与六角棱柱冰晶粒子，较大尺寸的六角平板与六角棱柱冰晶粒子的散射方向性更强。从图 4-25 中也可以看出，在整个散射场区域内，小尺寸的六角平板与六角棱柱冰晶粒子的散射强度基本相同，但随着有效尺寸的增大，六角平板与六角棱柱冰晶粒子的散射强度随散射角的变化较为复杂，在整个散射场区域内出现了多个极大值和极小值。这是由在大尺寸六角平板与六角棱柱冰晶粒子内部不同相位的入射波叠加所引起的光学现象导致的。从图 4-25 中还可以看出，在整个散射场区域内，任何一个散射角的散射强度均小于入射方向的散射强度。

4.3.3　非球形核壳结构冰晶粒子的散射特性

大气环境中的气溶胶粒子结构更为复杂多样，为了更深入地讨论晶核结构对核壳结构冰晶粒子散射特性的影响，本节建立单个球形晶核的六角平板与六角棱柱核壳结构冰晶粒子、4 个球团聚形晶核的六角平板与六角棱柱核壳结构冰晶粒子四种特殊核壳结构冰晶粒子结构模型。

1. 六角平板核壳结构冰晶粒子

设入射波长 $\lambda = 1.06\ \mu m$，选取烟煤气溶胶粒子作为晶核介质，球形晶核与六角平板的尺寸比满足 $r : L = 1 : 5$，图 4-26（a）～（c）分别给出了六角平板冰晶粒子的有效尺寸从 $a_{eff} = \dfrac{\lambda}{10}$ 增大到 $a_{eff} = \lambda$ 时，三种特殊结构六角平板冰晶粒子的消光系数、吸收系数和散射系数与有效尺寸的关系。

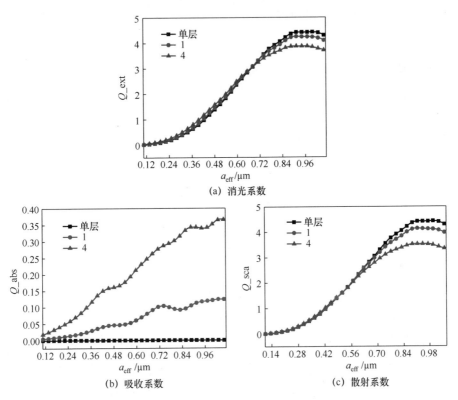

(a) 消光系数

(b) 吸收系数

(c) 散射系数

图 4-26　六角平板冰晶粒子的消光系数、吸收系数和散射系数与有效尺寸的关系

从图 4-26（a）、（c）中可以看出，较小尺寸时三种特殊结构六角平板冰晶粒子的消光系数和散射系数曲线近似重合，但随着有效尺寸的增大，三种特殊结构六角平板冰晶粒子的消光系数和散射系数出现偏差。这是因为，随着有效尺寸的增大，六角平板核壳结构冰晶粒子的激光衰减不仅源于粒子的散射，还有一部分源于粒子的吸收。这一点可以从图 4-26（b）中得到验证。

与单个球形晶核和 4 个球团聚形晶核的六角平板核壳结构冰晶粒子的吸收系数对比可知，增大有效尺寸对纯六角平板冰晶粒子的吸收系数几乎没有影响，因为冰晶介质的折射率虚部较小，纯六角平板冰晶粒子可看作无吸收介质，故纯六角平板冰晶粒子的吸收系数几乎为零，其激光衰减几乎全部源于粒子的散射。

考虑核壳结构的六角平板冰晶粒子，由于晶核介质的折射率虚部较大，因此六角平板核壳结构冰晶粒子的激光衰减必须考虑粒子的吸收，且单个球形晶核体积比 4 个球团聚形晶核体积小，这导致 4 个球团聚形晶核的六角平板核壳结构冰晶粒子的吸收系数大于单个球形晶核的六角平板核壳结构冰晶粒子的吸收系数。

设入射波长 $\lambda = 1.06\ \mu\text{m}$，选取烟煤气溶胶粒子作为晶核介质，六角平板冰晶粒子的有效尺寸 $a_{\text{eff}} = \dfrac{\lambda}{2}$，单个球形晶核与六角平板的尺寸比满足 $r:L = 1:5$，图 4-27（a）～（d）分别给出了纯六角平板冰晶粒子，以及单个球形晶核和 4 个球团聚形晶核的六角平板理想核壳结构冰晶粒子的缪勒矩阵元素 S_{11}、$\dfrac{S_{12}}{S_{11}}$、$\dfrac{S_{33}}{S_{11}}$、$\dfrac{S_{34}}{S_{11}}$ 随散射角的分布情况。

从图 4-27 中可以看出，晶核结构对六角平板冰晶粒子的缪勒矩阵元素 S_{11} 的影响大部分集中在前向散射场区域（$0° < \theta < 30°$），而对六角平板冰晶粒子的缪勒矩阵元素 $\dfrac{S_{12}}{S_{11}}$ 和 $\dfrac{S_{33}}{S_{11}}$ 的影响在 $\theta = 120°$ 附近尤为显著。

在纯六角平板冰晶粒子，以及单个球形晶核和 4 个球团聚形晶核的六角平板理想核壳结构冰晶粒子中，单个球形晶核和 4 个球团聚形晶核的六角平板理想核壳结构冰晶粒子的缪勒矩阵元素 $\dfrac{S_{12}}{S_{11}}$、$\dfrac{S_{33}}{S_{11}}$ 均在 $\theta = 120°$ 附近取得极大值。

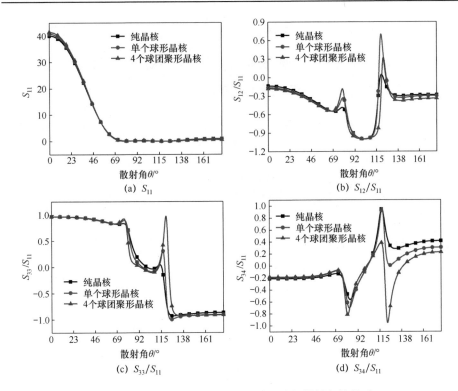

图 4-27　三种冰晶粒子的缪勒矩阵元素与散射角的关系

与其他三个缪勒矩阵元素相比，晶核结构对六角平板冰晶粒子的缪勒矩阵元素 $\dfrac{S_{34}}{S_{11}}$ 的影响主要集中在后向散射场区域（$120° < \theta < 180°$）。与单个球形晶核的六角平板理想核壳结构冰晶粒子相比，4 个球团聚形晶核的六角平板理想核壳结构冰晶粒子在缪勒矩阵元素 $\dfrac{S_{34}}{S_{11}}$ 上偏离纯六角平板冰晶粒子的程度最大。这是因为，核壳结构冰晶粒子的散射特性与内外层介质的相互作用有关，4 个球团聚形晶核在六角平板冰晶粒子内部的分布更复杂。相比位于六角平板中心位置的单个球形晶核，4 个球团聚形晶核导致的六角平板理想核壳结构冰晶粒子的散射特性曲线更显著地偏离了纯六角平板冰晶粒子的散射特性曲线。

设入射波长 $\lambda = 1.06\ \mu m$，选取烟煤气溶胶粒子作为晶核介质，外层介质为冰晶，球形晶核与六角平板的尺寸比分别满足 $r:L=3:10$、$r:L=5:10$ 和 $r:L=9:10$，图 4-28（a）、（b）分别给出了六角平板核壳结构冰晶粒子的有效尺寸分别为 $a_{\mathrm{eff}}=\dfrac{\lambda}{4}$ 和 $a_{\mathrm{eff}}=\lambda$ 时散射强度随散射角的变化情况。

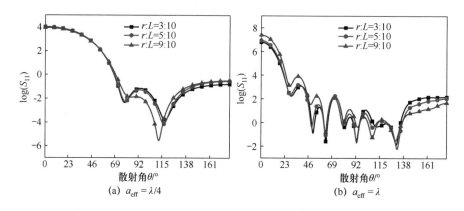

图 4-28　六角平板核壳结构冰晶粒子的散射强度与散射角的关系

从图 4-28 中可以看出，随着晶核尺寸的增大，两种尺寸的六角平板核壳结构冰晶粒子的散射强度均呈递增趋势。其他条件相同，大尺寸六角平板核壳结构冰晶粒子的散射强度随散射角的起伏振荡更剧烈，散射强度更大。从图 4-28（a）中可以看出，与小尺寸六角平板核壳结构冰晶粒子的前、后向散射强度相比，晶核尺寸对中间散射场区域（$60°<\theta<140°$）的散射强度影响更大。从图 4-28（b）中可以看出，晶核尺寸对较大尺寸的六角平板核壳结构冰晶粒子的散射强度影响更复杂。这是因为，大尺寸核壳结构冰晶粒子的内部散射光路更多，导致光学现象更为复杂。

设入射波长 $\lambda=1.06\ \mu\mathrm{m}$，外层介质为冰晶，选取烟煤气溶胶粒子作为晶核介质，六角平板核壳结构冰晶粒子的有效尺寸分别为 $a_{\mathrm{eff}}=\dfrac{\lambda}{4}$ 和 $a_{\mathrm{eff}}=\lambda$，球形晶核、中间混合层和六角平板的尺寸比满足 $r:d:L=5:2:10$，图 4-29（a）、（b）分别给出了在这两种有效尺寸下，三种六角平板冰晶粒子的散射强度随散射角的变化曲线。

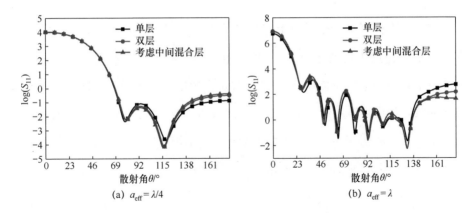

图 4-29　三种六角平板冰晶粒子的散射强度与散射角的关系

图 4-29（a）给出了当有效尺寸为特定值，即 $a_{eff} = \dfrac{\lambda}{4}$ 时，纯六角平板冰

晶粒子（单层）、六角平板理想核壳结构冰晶粒子（双层）和考虑中间混合层
的六角平板核壳结构冰晶粒子的前向散射强度。可以看出，考虑中间混合层
的六角平板核壳结构冰晶粒子的前向散射强度最大，纯六角平板冰晶粒子的
前向散射强度最小。这是因为，中间混合层的折射率实部大于冰晶粒子的折
射率实部，增强了介质的激光散射能力。在晶核尺寸一定的情况下，增加中
间混合层会使六角平板核壳结构冰晶粒子的激光散射增强。

图 4-29（b）给出了当有效尺寸为特定值，即 $a_{eff} = \lambda$ 时，纯六角平板冰
晶粒子、六角平板理想核壳结构冰晶粒子和考虑中间混合层的六角平板核壳
结构冰晶粒子的后向散射强度情况。可以看出，纯六角平板冰晶粒子的后向
散射强度最大，考虑中间混合层的六角平板核壳结构冰晶粒子的后向散射强
度最小。这是因为，当入射光强度一定时，随着粒子尺寸的增大，六角平板
核壳结构冰晶粒子对激光的吸收增加。这导致了粒子的光散射降低，特别是
在后向散射场中，经过多次散射和吸收后，六角平板核壳结构冰晶粒子的后
向散射强度减小。

设入射波长 $\lambda = 1.06\ \mu m$，外层介质为冰晶，晶核介质为烟煤气溶胶粒

子，六角平板核壳结构冰晶粒子的有效尺寸 $a_{\mathrm{eff}} = \lambda$ ，球形晶核、中间混合层和六角平板的尺寸比满足 $r:d:L = 2:5:10$ 。图 4-30（a）给出了纯六角平板冰晶粒子及单个球形晶核和 4 个球团聚形晶核的六角平板理想核壳结构冰晶粒子的散射强度随散射角的变化情况。图 4-30（b）给出了纯六角平板冰晶粒子及单个球形晶核和 4 个球团聚形晶核在考虑中间混合层时的六角平板核壳结构冰晶粒子的散射强度随散射角的变化情况。

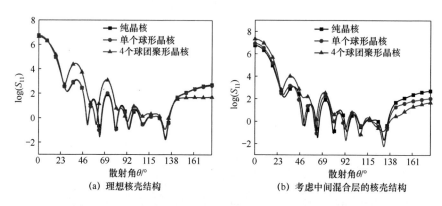

图 4-30　三种六角平板冰晶粒子的散射强度与散射角的关系

从图 4-30（a）中可以看出，相较于纯六角平板冰晶粒子，考虑晶核及晶核在冰晶粒子内部的分布情况对于六角平板核壳结构冰晶粒子的散射强度有显著影响，而且核壳结构冰晶粒子的散射强度明显大于纯冰晶粒子的散射强度。从图 4-30（b）中可以看出，考虑中间混合层对六角平板核壳结构冰晶粒子前、后向散射强度比值的影响显著，尤其对 4 个球团聚形晶核的影响更大。与纯六角平板冰晶粒子相比，4 个球团聚形晶核的六角平板核壳结构冰晶粒子的前、后向散射强度比值更大，单个球形晶核的六角平板核壳结构冰晶粒子的前、后向散射强度比值略小。

2. 六角棱柱核壳结构冰晶粒子

设入射波长 $\lambda = 1.06\ \mu\mathrm{m}$ ，选取烟煤气溶胶粒子作为晶核介质，六角棱柱冰晶粒子的有效尺寸从 $a_{\mathrm{eff}} = \dfrac{\lambda}{10}$ 增大到 $a_{\mathrm{eff}} = \lambda$ ，球形晶核与六角棱柱的尺寸

比满足 $r:L=1:5$，图 4-31 给出了三种特殊结构的六角棱柱冰晶粒子的消光系数、吸收系数和散射系数随有效尺寸的变化情况。

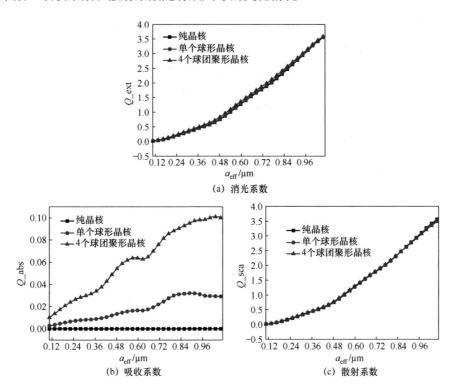

(a) 消光系数

(b) 吸收系数　　　(c) 散射系数

图 4-31　六角棱柱冰晶粒子的消光系数、吸收系数和散射系数与有效尺寸的关系

从图 4-31（a）中可以看出，在三种特殊结构的六角棱柱冰晶粒子中，4 个球团聚形晶核的六角棱柱核壳结构冰晶粒子的消光系数最大，纯六角棱柱冰晶粒子的消光系数最小。随着有效尺寸的增大，三种特殊结构的六角棱柱冰晶粒子的消光系数均呈递增趋势。从图 4-31（b）中可以看出，随着有效尺寸的增大，三种特殊结构的六角棱柱冰晶粒子的吸收系数偏差增大。从图 4-31（c）中可以看出，当粒子尺寸较大时，4 个球团聚形晶核的六角棱柱核壳结构冰晶粒子的散射系数小于纯六角棱柱冰晶粒子和单个球形晶核的六角棱柱核壳结构冰晶粒子的散射系数。这时的 4 个球团聚形晶核的尺寸大于单个球形晶核，晶核介质的折射率虚部较大，导致 4 个球团聚形晶核

的六角棱柱核壳结构冰晶粒子对激光的吸收性增强，它的激光衰减不再仅由散射引起，还有一部分源于对激光的吸收，这导致 4 个球团聚形晶核的六角棱柱核壳结构冰晶粒子的散射系数减小。与其他两种结构相比，纯六角平板冰晶粒子的吸收系数几乎为零。因此，它的激光衰减主要源于对激光的散射，这导致纯六角棱柱冰晶粒子的散射系数最大。

设入射波长 $\lambda = 1.06\ \mu\mathrm{m}$，选取烟煤气溶胶粒子作为晶核介质，六角棱柱冰晶粒子的有效尺寸 $a_{\mathrm{eff}} = \dfrac{\lambda}{2}$，单个球形晶核与六角棱柱的尺寸比满足 $r:L = 1:5$，图 4-32（a）～（d）分别给出了纯六角棱柱冰晶粒子，以及单个球形晶核和 4 个球团聚形晶核的六角棱柱核壳结构冰晶粒子的缪勒矩阵元素 S_{11}、$\dfrac{S_{12}}{S_{11}}$、$\dfrac{S_{33}}{S_{11}}$、$\dfrac{S_{34}}{S_{11}}$ 随散射角的分布情况。

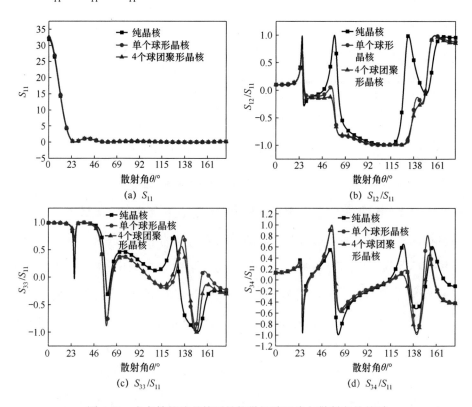

(a) S_{11}

(b) S_{12}/S_{11}

(c) S_{33}/S_{11}

(d) S_{34}/S_{11}

图 4-32　六角棱柱冰晶粒子的缪勒矩阵元素与散射角的关系

从图 4-32 中可以看出，核壳结构对六角棱柱冰晶粒子的缪勒矩阵元素 $\frac{S_{12}}{S_{11}}$、$\frac{S_{33}}{S_{11}}$、$\frac{S_{34}}{S_{11}}$ 的影响较显著，对 S_{11} 几乎没有影响。从图 4-32 (b) 中可以看出，晶核结构对缪勒矩阵元素 $\frac{S_{12}}{S_{11}}$ 的影响主要分布在 $30°<\theta<70°$ 和 $120°<\theta<160°$ 区域，且在这些分布区域出现了起伏振荡现象。从图 4-32 (c) 中可以看出，与缪勒矩阵元素 $\frac{S_{12}}{S_{11}}$ 相比，晶核结构对六角棱柱冰晶粒子缪勒矩阵元素 $\frac{S_{33}}{S_{11}}$ 的影响主要集中在后向散射场区域，且随着散射角的增大，$\frac{S_{33}}{S_{11}}$ 出现明显起伏。从图 4-32 (d) 中可以看出，相较于其他三个缪勒矩阵元素，晶核结构对缪勒矩阵元素 $\frac{S_{34}}{S_{11}}$ 的影响主要表现在特定的几个散射角上，包括 $20°$、$25°$、$55°$、$60°$、$130°$、$140°$、$160°$ 和 $180°$，三种六角棱柱冰晶粒子的缪勒矩阵元素 $\frac{S_{34}}{S_{11}}$ 都趋于 0。

设外层介质为冰晶，选取烟煤气溶胶粒子作为晶核介质，六角棱柱核壳结构冰晶粒子的有效尺寸分别为 $a_{\text{eff}}=\frac{\lambda}{4}$、$a_{\text{eff}}=\lambda$，球形晶核与六角棱柱的尺寸比满足 $r:L=1:10$、$r:L=1:8$ 和 $r:L=1:4$，图 4-33 给出了两种晶核尺寸下六角棱柱核壳结构冰晶粒子的散射强度随散射角的变化情况。

图 4-33 (a) 中的六角棱柱核壳结构冰晶粒子的散射强度分别在 $\theta=60°$ 和 $\theta=120°$ 时取得极小值，前、后向散射强度基本相等。图 4-33 (b) 中的六角棱柱核壳结构冰晶粒子在多个散射角时取得散射强度的极大值、极小值，前、后向散射强度比值较大。从图 4-33 (a) 中可以看出，增大晶核尺寸，六角棱柱核壳结构冰晶粒子的散射方向性减弱，散射强度的极小值增大，因为晶核介质的折射率大于冰晶介质的折射率，折射率越大，介质的散射性越强。这导致六角棱柱核壳结构冰晶粒子在各个散射方向上的激光散射强度增大，在一定程度上使纯六角棱柱冰晶粒子的散射方向性减弱。从图 4-33 (b)

中可以看出，增大晶核尺寸，六角棱柱核壳结构冰晶粒子的前、后向散射强度比值增大，对中间散射场区域的散射特性影响较大。

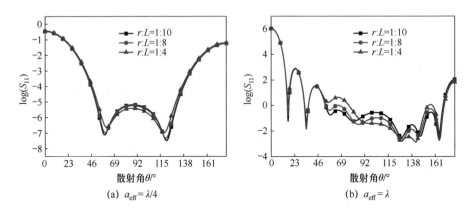

(a) $a_{\text{eff}} = \lambda/4$ (b) $a_{\text{eff}} = \lambda$

图 4-33　晶核尺寸对六角棱柱核壳结构冰晶粒子散射强度的影响

设六角棱柱冰晶粒子的有效尺寸分别为 $a_{\text{eff}} = \dfrac{\lambda}{4}$ 和 $a_{\text{eff}} = \lambda$，选取烟煤气溶胶粒子作为晶核介质，球形晶核、中间混合层和六角棱柱的尺寸比满足 $r : d : L = 5 : 2 : 10$。图 4-34 给出了在两种尺寸下纯六角棱柱冰晶粒子、六角棱柱理想核壳结构冰晶粒子和考虑中间混合层的六角棱柱核壳结构冰晶粒子的散射强度随散射角的变化情况。

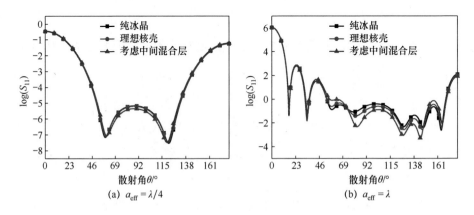

(a) $a_{\text{eff}} = \lambda/4$ (b) $a_{\text{eff}} = \lambda$

图 4-34　中间混合层对六角棱柱冰晶粒子散射强度的影响

从图 4-34 中可以看出，与等尺寸下的六角平板核壳结构冰晶粒子相比，中间混合层对六角棱柱核壳结构冰晶粒子散射强度的影响主要集中在中间散射场区域，对后向散射场区域的散射强度几乎没有影响。

与理想核壳结构冰晶粒子相比，中间混合层对中间散射场区域（$60° < \theta < 120°$）的散射强度影响最大。在两种尺寸下的纯六角棱柱冰晶粒子、六角棱柱理想核壳结构冰晶粒子和考虑中间混合层的六角棱柱核壳结构冰晶粒子中，在 $60° < \theta < 120°$ 区域，考虑中间混合层的六角棱柱核壳结构冰晶粒子的散射强度最小，而纯六角棱柱冰晶粒子的散射强度最大的规律可循。这是由六角棱柱核壳结构冰晶粒子的内部结构所导致的，晶核处于六角棱柱核壳结构冰晶粒子的中心，导致光波在中间散射场区域的光路更复杂，光学现象也更复杂，且对光的吸收更大，光散射强度减小。

从图 4-34 中还可以看出，相较于有效尺寸 $a_{\text{eff}} = \dfrac{\lambda}{4}$ 的六角棱柱冰晶粒子，中间混合层对有效尺寸 $a_{\text{eff}} = \lambda$ 的六角棱柱核壳结构冰晶粒子的散射强度影响更大，尤其在各个取极值的散射角处更为明显。

4.4　任意团聚形粒子的散射特性 DDA 数值计算

对单个核壳结构冰晶粒子散射特性的研究为大气通信信道中高空冰云的激光衰减研究提供了理论基础。为了全面了解多个团聚形冰晶粒子的散射特性，本节在研究单个核壳结构冰晶粒子的基础上，建立球形、椭球形、六角平板和六角棱柱四种形状的团聚形核壳结构冰晶粒子的结构模型，讨论晶核、冰晶粒子等的尺寸、几何形状及空间分布对团聚形核壳结构冰晶粒子散射特性的影响，并对不同形状团聚形核壳结构冰晶粒子的散射特性进行比较，得出粒子个数不同的团聚形核壳结构冰晶粒子在整个散射场区域的变化趋势，同时对数值结果进行整理和分析。

4.4.1　多球团聚形核壳结构冰晶粒子的散射特性

为了进一步了解多球团聚形核壳结构冰晶粒子的散射特性，本节建立了如图 4-35 所示的 2 个、8 个和 39 个球团聚形核壳结构冰晶粒子的结构模型。图 4-35（b）中的 8 个球团聚形核壳结构冰晶粒子随机分布在空间，图 4-35（c）中的 39 个球团聚形核壳结构冰晶粒子的结构模型是考虑自然界中六角形冰晶粒子而模拟的特定结构。同一多球团聚形核壳结构冰晶粒子中相邻的两个球形核壳结构冰晶粒子彼此接触，单个球形核壳结构冰晶粒子的偶极子个数和空间分布等参数都相同，只是球的个数，即粒子密度和粒子的空间分布不同。需要特别说明的是，在本节的研究中，所有入射光的入射方向均为正入射方向。

(a) 2个球团聚形核壳结构　　　(b) 8个球团聚形核壳结构　　　(c) 39个球团聚形核壳结构
冰晶粒子　　　　　　　　　　冰晶粒子　　　　　　　　　　冰晶粒子

图 4-35　多球团聚形核壳结构冰晶粒子的结构模型

1. 晶核折射率对多球团聚形核壳结构冰晶粒子散射特性的影响

当入射波长 $\lambda = 1.06\ \mu m$ 时，烟煤气溶胶粒子的折射率 $n_1 = 1.75 + 0.44i$，沙尘气溶胶粒子的折射率 $n_2 = 1.53 + 0.008i$。为了讨论晶核折射率对多球团聚形核壳结构冰晶粒子散射特性的影响，这里取沙尘气溶胶粒子的折射率实部 $\text{Re}(n_2)$ 和烟煤气溶胶粒子的折射率虚部 $\text{Im}(n_1)$ 构成一种小实部、大虚部的折射，折射率 $n_3 = 1.53 + 0.44i$。假定入射波长 $\lambda = 1.06\ \mu m$，取单个球形核壳结构冰晶粒子的半径 $R = 2.5\ \mu m$，图 4-36 给出了将以上三种折射率的介质作为晶核时的核壳结构冰晶粒子的散射特性曲线。

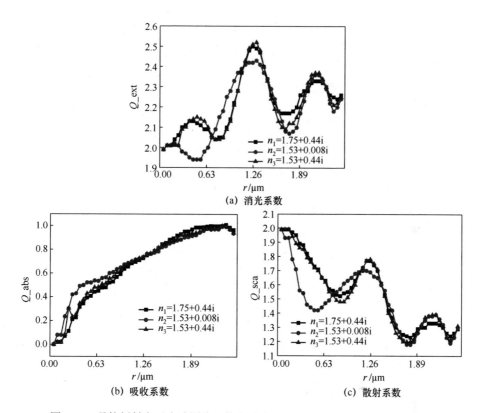

图 4-36　晶核折射率对多球团聚形核壳结构冰晶粒子的消光系数、吸收系数
和散射系数的影响

从图 4-36 中可以看出，相较于折射率实部，折射率虚部对核壳结构冰晶
粒子的散射特性影响更大。从图 4-36（a）中可以看出，随着晶核尺寸的增
大，三种介质晶核的理想核壳结构冰晶粒子的消光系数分别在多个晶核尺寸处
出现了极大值和极小值。从图 4-36（b）中可以看出，随着晶核尺寸的增大，
吸收系数呈递增趋势。这是因为，随着晶核尺寸的增大，晶核介质体积占核壳
结构冰晶粒子总体积的比例增大，晶核介质的折射率虚部比冰晶介质大很多量
级，可以用折射率虚部计算弱吸收介质的吸收系数，所以吸收系数与晶核尺寸
成正比。随着晶核尺寸的增大，吸收系数递增。随着晶核尺寸的增大，消光系
数和吸收系数整体呈递增趋势，散射系数整体呈衰减趋势，相较于冰晶粒子的
尺寸，小尺寸晶核的核壳结构冰晶粒子对激光的衰减主要源于核壳结构冰晶粒

子的散射性，可以忽略吸收性对激光衰减造成的影响。随着晶核尺寸的增大，必须考虑吸收性对核壳结构冰晶粒子激光衰减的影响。

2. 粒子结构对团聚形核壳结构冰晶粒子散射特性的影响

设入射波长 $\lambda = 1.06\ \mu m$，团聚形理想核壳结构冰晶粒子的晶核与单个球形冰晶粒子的尺寸比满足 $r : R = 1 : 2$，团聚形理想核壳结构冰晶粒子的有效尺寸从 $a_{eff} = \dfrac{\lambda}{100}$ 增大到 $a_{eff} = \lambda$，图 4-37 给出了 2 个、8 个、39 个球团聚形核壳结构冰晶粒子的消光系数、吸收系数和散射系数的变化情况。

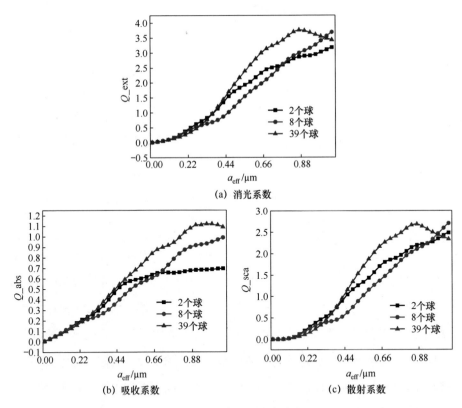

(a) 消光系数

(b) 吸收系数

(c) 散射系数

图 4-37　团聚形核壳结构冰晶粒子的消光系数、吸收系数和散射系数与有效尺寸的关系

从图 4-37 中可以看出，小尺寸时 2 个、8 个、39 个球团聚形核壳结构冰晶粒子的消光系数、吸收系数和散射系数基本相同。随着粒子尺寸的增大，三者的消光系数、吸收系数和散射系数偏差逐渐增大。在有效尺寸增大到

$a_{\text{eff}} = 0.9\ \mu m$ 时，39 个球团聚形核壳结构冰晶粒子的消光系数、吸收系数和散射系数均取得最大值。至此，可以清楚地了解在对团聚形核壳结构冰晶粒子散射特性的研究中，在一定情况下，相同尺寸的多粒子团聚形核壳结构冰晶粒子的消光系数、吸收系数、散射系数比少粒子团聚形核壳结构冰晶粒子的消光系数、吸收系数、散射系数大。

设入射波长 $\lambda = 1.06\ \mu m$，单个球形冰晶粒子半径 $R = \dfrac{\lambda}{4}$，在团聚形纯冰晶粒子、团聚形理想核壳结构冰晶粒子和考虑中间混合层的团聚形核壳结构冰晶粒子这三种特殊结构下，图 4-38 给出了 2 个、8 个、39 个球团聚形冰晶粒子的散射强度随散射角的变化情况。

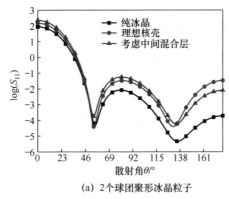

(a) 2 个球团聚形冰晶粒子

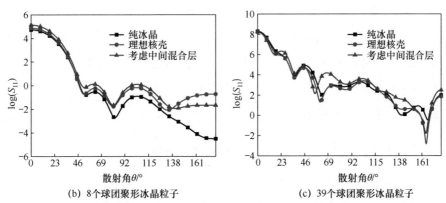

(b) 8 个球团聚形冰晶粒子　　　(c) 39 个球团聚形冰晶粒子

图 4-38　中间混合层对团聚形冰晶粒子散射强度的影响

从图 4-38 中可以看出，同一形状、三种特殊结构的团聚形冰晶粒子的散射强度随散射角的变化趋势基本一致。当粒子有效尺寸相同时,考虑中间混合层的团聚形核壳结构冰晶粒子的散射强度最大,团聚形纯冰晶粒子的散射强度最小。从图 4-38(a)、(b)中可以看出,考虑核壳结构对于 2 个、8 个球团聚形冰晶粒子的后向散射强度影响较大,三种团聚形冰晶粒子的有效尺寸一定,同一结构的团聚形冰晶粒子散射强度变化趋势基本一致。相较于其他两种结构,考虑中间混合层的团聚形核壳结构冰晶粒子的散射强度最大。从图 4-38(c)中可以看出,相较于其他两种团聚形冰晶粒子,39 个球团聚形冰晶粒子的散射方向性更强,且随着散射角的增大,散射强度呈现缓慢衰减趋势,并在 $\theta = 165°$ 附近取得极小值。通过比较 2 个、8 个、39 个球团聚形冰晶粒子的散射强度曲线,可以得出团聚形核壳结构冰晶粒子的前向散射强度大于团聚形纯冰晶粒子的结论。

设入射波长 $\lambda = 1.06\ \mu m$,选取烟煤气溶胶粒子作为晶核介质,单个球形核壳结构冰晶粒子的各层介质的尺寸比满足 $d : r : R = 1 : 2 : 4$,粒子的有效尺寸分别为 $a_{eff} = \dfrac{\lambda}{100}$、$a_{eff} = \dfrac{\lambda}{50}$、$a_{eff} = \dfrac{\lambda}{10}$、$a_{eff} = \dfrac{\lambda}{4}$ 和 $a_{eff} = \lambda$,根据图 4-39 给出的 2 个、8 个、39 个球团聚形核壳结构冰晶粒子的散射强度随散射角的变化趋势,可以得出多球团聚形核壳结构冰晶粒子的散射强度与尺寸成正比的结论。随着核壳结构冰晶粒子尺寸的增大,散射光向前传播的比例也增大,即前向散射与后向散射的比值增大。与小尺寸的团聚形核壳结构冰晶粒子相比,大尺寸的团聚形核壳结构冰晶粒子的散射强度随散射角的增大,幅值振荡越发明显,且在多个散射角处取得极大值和极小值。这是因为,米氏散射理论关于粒子散射的研究指出,当粒子尺寸 $R > \dfrac{\lambda}{10}$ 时,在粒子内部可能会出现干涉现象,来自同一粒子内部不同部分的散射光因为相位不同而发生干涉,在除 $\theta = 0°$ 外的散射角处都有可能出现完全相消或相长,即取得极小值或极大值。从图 4-39 中也可以看出,团聚形核壳结构冰晶粒子的尺寸越大,散射强度随散射角的分布越复杂。

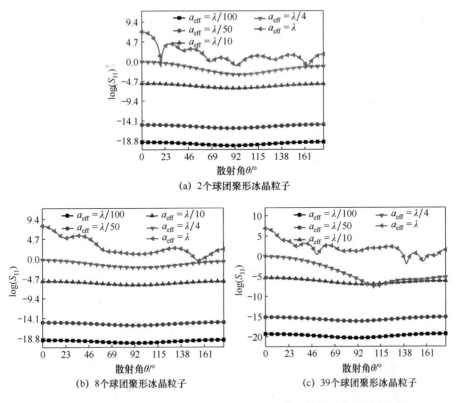

(a) 2个球团聚形冰晶粒子

(b) 8个球团聚形冰晶粒子　　　　(c) 39个球团聚形冰晶粒子

图 4-39　粒子尺寸对团聚形核壳结构冰晶粒子散射强度的影响

4.4.2　非球形团聚形核壳结构冰晶粒子的散射特性

为了更清楚地了解粒子形状和粒子密度对团聚形冰晶粒子散射特性的影响，本节建立了如图 4-40 所示的 2 个椭球团聚形核壳结构冰晶粒子、2 个六角平板团聚形核壳结构冰晶粒子、2 个六角棱柱团聚形核壳结构冰晶粒子、10 个椭球团聚形核壳结构冰晶粒子、10 个六角平板团聚形核壳结构冰晶粒子和 10 个六角棱柱团聚形核壳结构冰晶粒子六种特殊的团聚形核壳结构冰晶粒子的结构模型。其中，在同一形状的团聚形核壳结构冰晶粒子的结构模型中，单个核壳结构冰晶粒子的偶极子个数和空间分布都相同，只是粒子个数和粒子的空间分布不同，并且为了使团聚形核壳结构冰晶粒子的散射计算更加精确，单个核壳结构冰晶粒子之间有接触。建立 2 个和 10 个粒子团聚形核壳结构冰晶粒子的结构模型是为了讨论在相同尺寸下，粒子密度对团聚形核壳结构冰晶粒子散射特性的影响。这里在关于团聚形核壳结构冰晶粒子的散射计算中，所有入射光的入射方向均为正入射方向。本节在入射波长、有效尺寸相同的条件下，对 2 个和 10 个粒子团聚形核壳结构冰晶粒子的散射特性进行了数值模拟，进而从侧面给出了粒子密度对团聚形核壳结构冰晶粒子散射特性的影响。

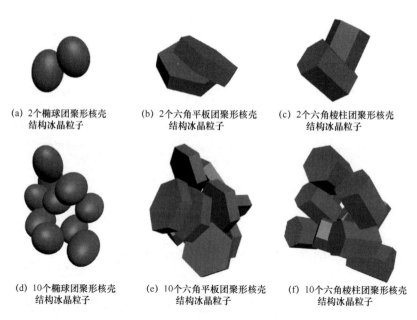

(a) 2个椭球团聚形核壳
结构冰晶粒子

(b) 2个六角平板团聚形核壳
结构冰晶粒子

(c) 2个六角棱柱团聚形核壳
结构冰晶粒子

(d) 10个椭球团聚形核壳
结构冰晶粒子

(e) 10个六角平板团聚形核壳
结构冰晶粒子

(f) 10个六角棱柱团聚形核壳
结构冰晶粒子

图 4-40　团聚形核壳结构冰晶粒子的结构模型

设入射波长 $\lambda = 1.06\ \mu\mathrm{m}$，选取烟煤气溶胶粒子作为晶核介质，椭球、晶核和中间混合层的尺寸比满足 $a:b:r:d = 8:4:2:1$，团聚形理想核壳结构冰晶粒子的中间混合层厚度 $d = 0\ \mu\mathrm{m}$，有效尺寸从 $a_{\mathrm{eff}} = \dfrac{\lambda}{100}$ 增大到 $a_{\mathrm{eff}} = \lambda$，图 4-41 给出了 2 个、10 个椭球团聚形核壳结构冰晶粒子在是否考虑中间混合层两种情况下的消光系数、吸收系数和散射系数随有效尺寸的变化情况。

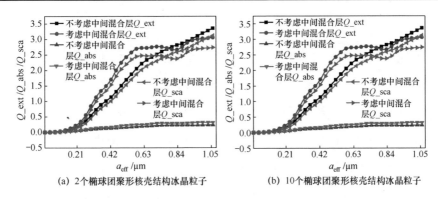

(a) 2个椭球团聚形核壳结构冰晶粒子　　　(b) 10个椭球团聚形核壳结构冰晶粒子

图 4-41　椭球团聚形核壳结构冰晶粒子的散射特性与有效尺寸的关系

从图 4-41 中可以看出，随着粒子有效尺寸的增大，椭球团聚形核壳结构冰晶粒子的消光系数和散射系数均呈现递增趋势。粒子的有效尺寸越大，中间混合层对椭球团聚形核壳结构冰晶粒子的消光系数和散射系数的影响也越大，但对吸收系数几乎没有影响。这是因为，在中间混合层折射率的公式推导中没有考虑介质的吸收性影响，可以将中间混合层看作无吸收介质，所以中间混合层对椭球团聚形核壳结构冰晶粒子的吸收系数几乎没有影响。

设入射波长 $\lambda = 1.06\ \mu m$，选取烟煤气溶胶粒子作为晶核介质，有效尺寸 $a_{\text{eff}} = \dfrac{\lambda}{4}$，椭球、晶核和中间混合层的尺寸比满足 $a:b:r:d = 8:4:2:1$。图 4-42 给出了 2 个、10 个椭球团聚形核壳结构冰晶粒子在是否考虑中间混合层情况下的散射强度随散射角的变化情况。

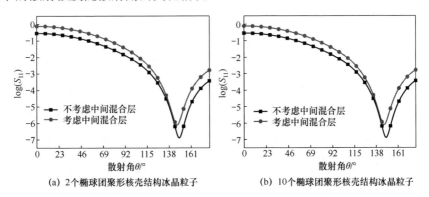

(a) 2个椭球团聚形核壳结构冰晶粒子　　　(b) 10个椭球团聚形核壳结构冰晶粒子

图 4-42　中间混合层对椭球团聚形核壳结构冰晶粒子散射强度的影响

从图 4-42 中可以看出，考虑中间混合层的椭球团聚形核壳结构冰晶粒子的散射强度大于椭球团聚形理想核壳结构冰晶粒子的散射强度。在椭球团聚形理想核壳结构冰晶粒子和考虑中间混合层的椭球团聚形核壳结构冰晶粒子两种特殊的团聚形核壳结构中，考虑中间混合层的椭球团聚形核壳结构冰晶粒子的散射方向性较弱，主要是因为中间混合层的折射率比冰晶介质的折射率大，团聚形核壳结构冰晶粒子内部激光的前向传播比例与内外层介质的相互作用有关。由此可知，考虑中间混合层可使椭球团聚形核壳结构冰晶粒子的散射方向性增强。随着散射角的增大，椭球团聚形理想核壳结构冰晶粒子和考虑中间混合层的椭球团聚形核壳结构冰晶粒子的散射强度会逐渐减小，并在 $\theta = 145°$ 附近取得最小值。从图 4-42 中可以看出，2 个、10 个椭球团聚形核壳结构冰晶粒子的散射特性曲线变化趋势基本一致，此时可以忽略粒子密度对椭球团聚形核壳结构冰晶粒子的消光系数、吸收系数和散射系数的影响。

设入射波长 $\lambda = 1.06\ \mu m$，六角平板、球形晶核和中间混合层的尺寸比满足 $L:r:d = 10:5:2$，有效尺寸从 $a_{eff} = \dfrac{\lambda}{100}$ 增大到 $a_{eff} = \lambda$，图 4-43 给出了 2 个、10 个六角平板团聚形核壳结构冰晶粒子散射特性的变化曲线。

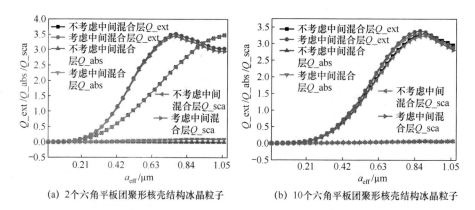

(a) 2个六角平板团聚形核壳结构冰晶粒子　　(b) 10个六角平板团聚形核壳结构冰晶粒子

图 4-43　六角平板团聚形核壳结构冰晶粒子的消光系数、吸收系数和散射系数与
有效尺寸的关系

从图 4-43 中可以看出，相较于 10 个六角平板团聚形核壳结构冰晶粒子，中间混合层对 2 个六角平板团聚形核壳结构冰晶粒子的消光系数、吸收系数和散射系数影响更大。随着有效尺寸的增大，2 个、10 个六角平板团聚形核壳结构冰晶粒子的消光系数、散射系数呈递增趋势，且考虑中间混合层的 2 个六角平板团聚形核壳结构冰晶粒子的消光系数、散射系数均在 $a_{\text{eff}} = \dfrac{3\lambda}{5}$ 附近取得极大值，理想和考虑中间混合层两种特殊结构的 10 个六角平板团聚形核壳结构冰晶粒子的消光系数、散射系数都在 $a_{\text{eff}} = \dfrac{4\lambda}{5}$ 附近取得极大值。

从图 4-43 中还可以看出，考虑中间混合层对两种特殊结构的六角平板团聚形核壳结构冰晶粒子的吸收系数影响较小。这是因为，晶核介质烟煤气溶胶粒子的尺寸较小，冰晶介质的折射率虚部几乎为零，导致六角平板团聚形核壳结构冰晶粒子几乎不具有吸收介质的特性。因此，这些六角平板团聚形核壳结构冰晶粒子对激光的衰减主要由散射引起。

设入射波长 $\lambda = 1.06\ \mu\text{m}$，六角平板、球形晶核和中间混合层的尺寸比满足 $L : r : d = 10 : 5 : 2$，六角平板团聚形核壳结构冰晶粒子的有效尺寸 $a_{\text{eff}} = \dfrac{\lambda}{4}$，图 4-44 给出了理想和考虑中间混合层两种特殊结构下，2 个、10 个六角平板团聚形核壳结构冰晶粒子的散射强度随散射角的变化情况。

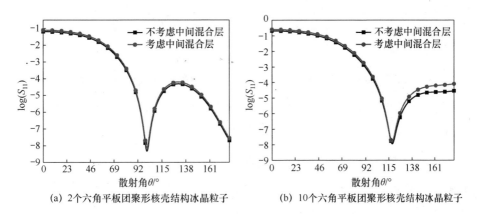

(a) 2 个六角平板团聚形核壳结构冰晶粒子　　(b) 10 个六角平板团聚形核壳结构冰晶粒子

图 4-44　中间混合层对六角平板团聚形核壳结构冰晶粒子散射强度的影响

对比图 4-44 中 2 个六角平板团聚形核壳结构冰晶粒子和 10 个六角平板团聚形核壳冰晶粒子的散射强度随散射角的变化曲线可知，2 个六角平板团聚形核壳结构冰晶粒子的前、后向散射强度更小，且 2 个六角平板团聚形核壳结构冰晶粒子的散射方向性更强。这是因为，在同一有效尺寸下，10 个六角平板团聚形核壳结构冰晶粒子结构模型的粒子密度大于 2 个六角平板团聚形核壳冰晶粒子结构模型的粒子密度，导致激光在 10 个六角平板团聚形核壳结构冰晶粒子内部的散射更强，且来自更多不同相位的光波束发生衍射现象，即散射强度在 $\theta = 120°$ 附近取得极小值。

设入射波长 $\lambda = 1.06\,\mu m$，选取烟煤气溶胶粒子作为晶核介质，六角棱柱、单个球形晶核和中间混合层的尺寸比满足 $L : r : d = 10 : 5 : 2$，晶核为 4 个球团聚形晶核，有效尺寸从 $a_{\text{eff}} = \dfrac{\lambda}{100}$ 增大到 $a_{\text{eff}} = \lambda$，图 4-45 给出了 2 个、10 个六角棱柱团聚形核壳结构冰晶粒子的消光系数、吸收系数和散射系数的变化情况。

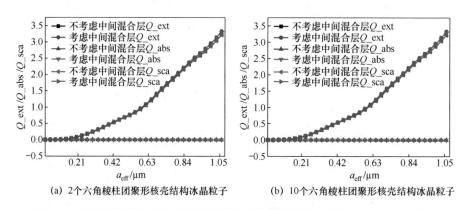

(a) 2个六角棱柱团聚形核壳结构冰晶粒子　　(b) 10个六角棱柱团聚形核壳结构冰晶粒子

图 4-45　六角棱柱团聚形核壳结构冰晶粒子的消光系数、吸收系数和散射系数与有效尺寸的关系

从图 4-45 中可以看出，随着有效尺寸的增大，理想和考虑中间混合层两种特殊结构的六角棱柱团聚形核壳结构冰晶粒子的散射特性偏差增大。相较于不考虑中间混合层的六角棱柱团聚形核壳结构冰晶粒子，考虑中间混合层

的六角棱柱团聚形核壳结构冰晶粒子的消光系数和散射系数较大，但是两者的差异较小。这是因为，此时中间混合层厚度的取值较小。

比较椭球形、六角平板、六角棱柱三种特殊结构的团聚形核壳结构冰晶粒子的消光系数、吸收系数和散射系数可以发现，粒子形状对于散射特性的影响尤为显著，特别是在消光系数和散射系数方面。随着粒子尺寸的增大，椭球形、六角平板、六角棱柱三种特殊结构的团聚形核壳结构冰晶粒子的消光系数和散射系数曲线偏差变大。

设入射波长 $\lambda = 1.06\ \mu m$，六角棱柱、单个球形晶核和中间混合层的尺寸比满足 $L:r:d = 25:5:2$，晶核为 4 个球团聚形晶核，六角棱柱团聚形核壳结构冰晶粒子的有效尺寸 $a_{\text{eff}} = \dfrac{\lambda}{4}$，图 4-46 给出了 2 个、10 个六角棱柱团聚形核壳结构冰晶粒子的散射强度随散射角的变化情况。

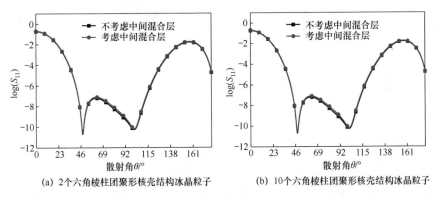

(a) 2个六角棱柱团聚形核壳结构冰晶粒子　　　(b) 10个六角棱柱团聚形核壳结构冰晶粒子

图 4-46　中间混合层对六角棱柱团聚形核壳结构冰晶粒子散射强度的影响

从图 4-46 中可以看出，随着散射角的增大，2 个、10 个六角棱柱团聚形核壳结构冰晶粒子的散射强度均在 $\theta = 50°$ 和 $\theta = 100°$ 附近取得极小值，在 $\theta = 160°$ 附近取得极大值。在有效尺寸相等的前提下，椭球形、六角平板和六角棱柱三种特殊结构的团聚形核壳结构冰晶粒子中，六角棱柱团聚形核壳结构冰晶粒子的散射方向性最强，且随着散射角的增大，散射强度在整个散射场区域的分布最复杂，椭球团聚形核壳结构冰晶粒子的散射方向性最弱，且随着散射角的增大，散射强度在整个散射场区域的分布最平缓。

4.4.3 多形团聚形核壳结构冰晶粒子的散射特性

大气粒子的形状是多样的，不是单一形状的团聚粒子，为了清楚地了解多种形状混合团聚形冰晶粒子的散射特性，本节建立了球形、椭球形、六角平板和六角棱柱四种形状的冰晶粒子随机分布的团聚形冰晶粒子的结构模型，如图 4-47 所示。用 DDA 法构建的多形团聚形核壳结构冰晶粒子的各个偶极子间距是相同的，各个偶极子的空间分布方式是不同的。

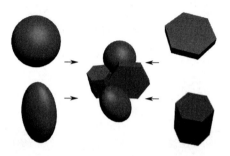

图 4-47　多形团聚形冰晶粒子的结构模型

选取烟煤气溶胶粒子作为晶核介质，假定单个球形核壳结构冰晶粒子、晶核和中间混合层的尺寸比满足 $R:r:d = 5:2:2$，单个椭球形核壳结构冰晶粒子（长、短半轴比满足 $a:b = 2:1$）、晶核和中间混合层的尺寸比满足 $a:b:r:d = 20:10:4:5$，单个六角平板与六角棱柱、晶核和中间混合层的尺寸比满足 $L:r:d = 25:5:2$，粒子的有效尺寸 $a_{\text{eff}} = \dfrac{\lambda}{4}$，入射波长 $\lambda = 1.06 \, \mu m$，图 4-48 分别给出了 5 种特殊结构的团聚形核壳结构冰晶粒子在不考虑和考虑中间混合层两种情况下的散射强度随散射角的变化情况。

图 4-48 显示了在相同有效尺寸下单个球形核壳结构冰晶粒子、椭球形核壳结构冰晶粒子、六角平板核壳结构冰晶粒子、六角棱柱核壳结构冰晶粒子及多形团聚形核壳结构冰晶粒子的散射强度曲线，具体表现如下。

（1）六角棱柱核壳结构冰晶粒子的散射强度曲线偏离单个球形核壳结构

冰晶粒子的散射强度曲线的程度最大，椭球形核壳结构冰晶粒子的散射强度曲线偏离单个球形核壳结构冰晶粒子的散射强度曲线的程度最小。

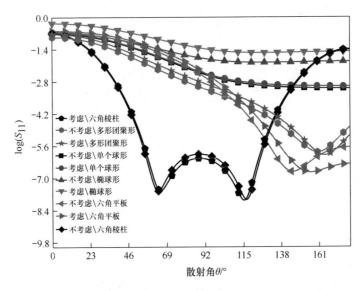

图 4-48　核壳结构冰晶粒子的散射强度与散射角的关系

（2）随着散射角的增大，椭球形、六角平板和多形团聚形核壳结构冰晶粒子的散射强度曲线偏离单个球形核壳结构冰晶粒子的散射强度曲线的程度增大，六角棱柱核壳结构冰晶粒子的散射曲线变化趋势更为复杂。

（3）理想和考虑中间混合层两种特殊结构的核壳结构冰晶粒子的散射强度在整个散射场区域的变化趋势基本一致，整体上考虑中间混合层的核壳结构冰晶粒子的散射强度比理想核壳结构冰晶粒子的散射强度大。

设入射波长 $\lambda = 1.06\ \mu\mathrm{m}$ ，选取烟煤气溶胶粒子作为晶核介质，多形团聚形核壳结构冰晶粒子的有效尺寸 $a_{\mathrm{eff}} = \dfrac{\lambda}{4}$ ，单个球形核壳结构冰晶粒子、晶核和中间混合层的尺寸比满足 $R:r:d = 5:2:2$ ，单个椭球形核壳结构冰晶粒子（长、短半轴比满足 $a:b = 2:1$ ）、晶核和中间混合层的尺寸比满足 $a:b:r:d = 20:10:4:5$ ，单个六角平板与六角棱柱、晶核和中间混合层的尺

寸比满足 $L : r : d = 25 : 5 : 2$，图 4-49 给出了多形团聚形纯冰晶粒子及理想核壳和考虑中间混合层的多形团聚形核壳结构冰晶粒子的缪勒矩阵元素 S_{11}、$\dfrac{S_{12}}{S_{11}}$、$\dfrac{S_{33}}{S_{11}}$、$\dfrac{S_{34}}{S_{11}}$ 随散射角的变化情况。

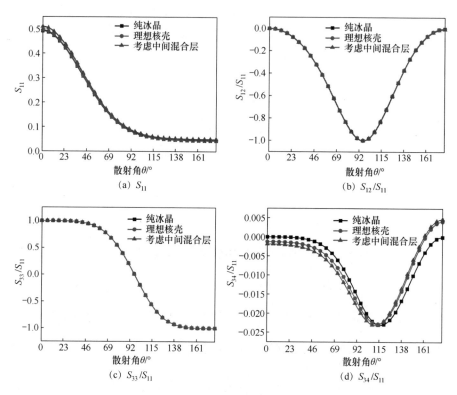

图 4-49　多形团聚形冰晶粒子的缪勒矩阵元素与散射角的关系

从图 4-49 中可以看出，核壳结构对多形团聚形冰晶粒子的缪勒矩阵元素 $\dfrac{S_{12}}{S_{11}}$、$\dfrac{S_{33}}{S_{11}}$ 的影响最小，对缪勒矩阵元素 $\dfrac{S_{34}}{S_{11}}$ 的影响最大。

从图 4-49（a）中可以看出，核壳结构对多形团聚形冰晶粒子的缪勒矩阵元素 S_{11} 的影响主要集中在前向散射场区域，随着散射角的增大，多形团聚形纯冰晶粒子及理想核壳和考虑中间混合层的多形团聚形核壳结构冰晶粒子的散射强度曲线近乎重合。

多形团聚形纯冰晶粒子的缪勒矩阵元素 $\dfrac{S_{34}}{S_{11}}$ 与考虑中间混合层的多形团聚形核壳结构冰晶粒子的缪勒矩阵元素 $\dfrac{S_{34}}{S_{11}}$ 在 $\theta=110°$ 前后有较大变化。

从图 4-49（d）中可以看出，在 $0°<\theta<110°$ 的特定区域，多形团聚形纯冰晶粒子的缪勒矩阵元素 $\dfrac{S_{34}}{S_{11}}$ 最大，考虑中间混合层的多形团聚形核壳结构冰晶粒子的缪勒矩阵元素 $\dfrac{S_{34}}{S_{11}}$ 最小。在 $110°<\theta<180°$ 区域，情况恰好相反，多形团聚形纯冰晶粒子的缪勒矩阵元素 $\dfrac{S_{34}}{S_{11}}$ 最小，考虑中间混合层的多形团聚形核壳结构冰晶粒子的缪勒矩阵元素 $\dfrac{S_{34}}{S_{11}}$ 最大。

第 5 章　激光在随机分布粒子中的传输与散射特性

在大气中对能量循环和气候模式问题进行研究的基础是大气辐射，大气辐射也是空间中影响激光传输和目标探测的主要环境因素。基于辐射传输方程，通常使用不同的思想和解法来表达大气辐射的物理过程。对于大气中的辐射传输，因为精确求解很难实现，故通常采用近似方法求解，这导致我们需要在精度和算法的时间复杂度之间取得平衡。本章首先介绍辐射传输方程及其解法，接着利用逐次散射法建立激光穿过卷云的传输模型，讨论大气背景、冰晶粒子的形状与尺寸、冰水含量、云层的边界形状及云层的垂直非均匀性对激光的直接传输和一阶散射的影响。

5.1　激光的辐射传输方程及解法

激光在大气中传输时，主要受到大气介质粒子的吸收和散射作用的影响。吸收是指粒子将激光的一部分能量吸收了，导致了能量的衰减，而散射则是指粒子改变了激光的传输方向，使得散射光分布在所有方向上。大气中粒子的运动是无规则的，因此对于散射光的研究人们更关注光强的分布，而不是相位。辐射传输是研究这个问题的主要手段。

5.1.1　辐射传输方程

如图 5-1 所示，光谱辐射亮度为 I_λ 的光穿过宽度为 $\mathrm{d}s$ 的混浊介质后的出

射辐射亮度为 $I_\lambda + \mathrm{d}I_\lambda$，可以将其分为两部分：一部分是沿着入射方向的衰减量；另一部分是混浊介质向入射方向发射的波长为 λ 的辐射亮度及所有方向上的光被混浊介质散射到入射方向上的辐射亮度。第一部分的衰减量是由浑浊介质的吸收和散射共同造成的，即

$$\mathrm{d}I_\lambda^{(1)} = -\beta_\lambda I_\lambda \mathrm{d}s \tag{5-1}$$

式中，β_λ 是介质的消光系数，可表示为消光截面和粒子数密度的乘积。

$$\beta_\lambda = \beta_{\mathrm{ext}} = \beta_{\mathrm{sca}} + \beta_{\mathrm{abs}} = nC_{\mathrm{ext}} = n(C_{\mathrm{sca}} + C_{\mathrm{abs}}) \tag{5-2}$$

式中，C_{sca}、C_{abs} 分别为散射截面和吸收截面。第二部分的辐射亮度与混浊介质的宽度 $\mathrm{d}s$ 成正比，即

$$\mathrm{d}I_\lambda^{(2)} = \beta_\lambda J_\lambda \mathrm{d}s \tag{5-3}$$

式中，J_λ 为源函数。

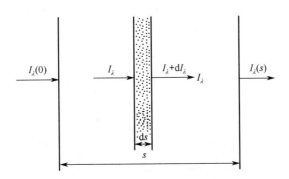

图 5-1　光谱辐射亮度穿过混浊介质时的衰减

辐射亮度 I_λ 经过混浊介质之后的变量可根据式（5-1）和式（5-3）表示为

$$\mathrm{d}I_\lambda = \mathrm{d}I_\lambda^{(1)} + \mathrm{d}I_\lambda^{(2)} = (-I_\lambda + J_\lambda)\beta_\lambda \mathrm{d}s \tag{5-4}$$

由于混浊介质的光学厚度被定义为

$$\tau_\lambda = \int_{\Delta s} \beta_\lambda \mathrm{d}s \tag{5-5}$$

因此式（5-4）又可表示为

$$\frac{\mathrm{d}I_\lambda}{\mathrm{d}\tau_\lambda} = -I_\lambda + J_\lambda \tag{5-6}$$

式（5-6）是辐射传输方程的一般形式。

当混浊介质的光学厚度很小或混浊介质发射的光与被混浊介质散射的光可以忽略时，辐射传输方程，即式（5-6）中的 J_λ 项为零，此时经过厚度为 Δs 的混浊介质后的光谱辐射亮度为

$$I_\lambda = I_\lambda(0)\exp(-\int_{\Delta s}\beta_\lambda \mathrm{d}s) = I_\lambda(0)\exp(-\tau_\lambda) \tag{5-7}$$

式（5-7）是比尔定律（Beer Law），又称为比尔–布格–朗伯定律（Beer-Bouguer-Lambert Law），该定律说明混浊介质中的光是按照指数规律衰减的。

下面讨论平面平行大气中太阳光的辐射传输方程，令 θ 为天顶角，ϕ 为方位角，并且 $\mu = \cos\theta$。当太阳光照射到厚度为 Δs 的平面平行大气上时，穿过该云层出射的漫射光可以分为四部分：①云层对光的消光造成的衰减量；②没有被散射的太阳光从 $(-\mu_0, \phi_0)$ 方向单次散射到 (μ, ϕ) 方向上造成的增加量；③由空间中任意方向 (μ', ϕ') 多次散射到 (μ, ϕ) 方向上造成的增加量；④大气中分子发射到 (μ, ϕ) 方向上造成的增加量。因此可得

$$\frac{\Delta I(s;\mu,\phi)}{\Delta s/(-\mu)} = -\beta_{\mathrm{ext}}I(s;\mu,\phi) + \beta_{\mathrm{sca}}F\exp\left(-\frac{\tau}{\mu}\right)\frac{P(\mu,\phi;-\mu_0,\phi_0)}{4\pi} +$$
$$\beta_{\mathrm{sca}}\int_0^{2\pi}\int_{-1}^{1}I(s;\mu',\phi')\frac{P(\mu,\phi;\mu',\phi')}{4\pi}\mathrm{d}\mu'\mathrm{d}\phi' + \beta_{\mathrm{abs}}B[T(s)] \tag{5-8}$$

式中，四项分别与上面描述的四部分对应；P 是散射相函数，$P(\mu,\phi;\mu',\phi')$ 表示由 (μ',ϕ') 方向入射、由 (μ,ϕ) 方向出射的光强度；F 是太阳光的辐照度；$B[T(s)]$ 表示在局部热平衡下的普朗克黑体辐射亮度函数。单次散射反照率是散射系数与消光系数的比值，即

$$\varpi = \frac{\beta_{\mathrm{sca}}}{\beta_{\mathrm{ext}}} \text{ 或 } 1-\varpi = \frac{\beta_{\mathrm{abs}}}{\beta_{\mathrm{ext}}} \tag{5-9}$$

根据云层光学厚度的定义，式（5-8）可以改写为

$$\mu \frac{\mathrm{d}I(\tau;\mu,\phi)}{\mathrm{d}\tau} = I(\tau;\mu,\phi) - J(\tau;\mu,\phi) \tag{5-10}$$

式中，源函数为

$$\begin{aligned} J(\tau;\mu,\phi) = &\frac{\varpi}{4\pi}\int_0^{2\pi}\int_{-1}^1 I(\tau;\mu',\phi')P(\mu,\phi;\mu',\phi')\mathrm{d}\mu'\mathrm{d}\phi' + \\ &\frac{\varpi}{4\pi}F\exp\left(-\frac{\tau}{\mu}\right)P(\mu,\phi;-\mu_0,\phi_0) + (1-\varpi)B[T(\tau)] \end{aligned} \tag{5-11}$$

式（5-11）是对于无偏振光建立的，又称为标量辐射传输方程。

利用勒让德多项式（Legendre Polynomial）将散射相函数展开，可得

$$P(\tau,\cos\Theta) = \sum_{l=0}^{2N-1} g_l(\tau)(2l+1)\mathrm{P}_l(\cos\Theta) \tag{5-12}$$

式中，Θ 为散射角；系数为

$$g_l(\tau) = \frac{1}{2}\int_{-1}^1 \mathrm{P}_l(\cos\Theta)P(\tau,\cos\Theta)\mathrm{d}(\cos\Theta) \tag{5-13}$$

在极坐标中，有

$$\cos\Theta = \mu\mu' + (1-\mu^2)^{\frac{1}{2}}(1-\mu^2)^{\frac{1}{2}}\cos(\phi-\phi') \tag{5-14}$$

这时散射相函数变为

$$P(\mu,\phi;\mu',\phi') = \sum_{m=0}^{2N-1}(2-\delta_{0m})\cos m(\phi-\phi')\sum_{l=m}^{2N-1}(2l+1)g_l^m(\tau)\mathrm{P}_l^m(\mu)\mathrm{P}_l^m(\mu') \tag{5-15}$$

式中，

$$\delta_{0m} = \begin{cases} 1, & m=0 \\ 0, & m\neq 0 \end{cases} \tag{5-16}$$

$$g_l^m = g_l(\tau)\frac{(l-m)!}{(l+m)!} \tag{5-17}$$

辐射传输方程又可进一步分解为

$$I(\tau;\mu,\phi) = \sum_{m=0}^{2N-1} I^m(\tau,\mu)\cos m(\phi-\phi_0) \tag{5-18}$$

5.1.2 辐射传输的近似处理

1. 单次散射近似

高空中光学薄层（如卷云和气溶胶大气）的光学厚度一般很小，当光束垂直或接近垂直入射时发生的主要是单次散射，而多次散射和粒子辐射很小，可以忽略不计，因此源函数变为

$$J(\tau;\mu,\phi) \approx \frac{\varpi}{4\pi}FP(\mu,\phi;-\mu_0,\phi_0)\exp\left(-\frac{\tau}{\mu_0}\right) \tag{5-19}$$

式中，ϖ 为单次散射反照率。假设地面为黑体，向上的反射强度 $I(\tau_*;\mu,\phi)=0$，其中 τ_* 是云层光学厚度，那么顶层向上的辐射强度是

$$
\begin{aligned}
I(0;\mu,\phi) &= \int_0^{\tau_*} J(\tau';\mu,\phi)\exp\left(-\frac{\tau'}{\mu}\right)\frac{d\tau'}{\mu} \\
&= \frac{\mu_0 F}{\pi}\frac{\varpi}{4(\mu+\mu_0)}P(\mu,\phi;-\mu_0,\phi_0)\left\{1-\exp\left[-\tau_*\left(\frac{1}{\mu}+\frac{1}{\mu_0}\right)\right]\right\}
\end{aligned} \tag{5-20}
$$

又因为 τ_* 的值很小，所以有

$$R(\mu,\phi;\mu_0,\phi_0) = \frac{\pi I(0;\mu,\phi)}{\mu_0 F} = \tau_*\frac{\varpi}{4\pi\mu_0}P(\mu,\phi;-\mu_0,\phi_0) \tag{5-21}$$

式中，R 为双向反射比，是一个无量纲的量。式（5-21）也是卫星探测大气光学厚度的基础。

2. 漫射近似

对于在光学厚度较大的大气中发生的多次散射事件，定义向上、向下的

半球通量密度的传输：

$$F^{\pm}(\tau) = \int_0^{2\pi} \int_0^{\pm 1} I(\tau; \mu, \phi) \mu \mathrm{d}\mu \mathrm{d}\phi \qquad （5\text{-}22）$$

式（5-2）中的这些通量密度随着光学厚度变化的微分变量与其本身及向下的直接通量相关，因此有

$$\frac{\mathrm{d}F^+}{\mathrm{d}\tau} = \gamma_1 F^+ - \gamma_2 F^- - \gamma_3 \varpi F \exp\left(-\frac{\tau}{\mu_0}\right) \qquad （5\text{-}23）$$

$$\frac{\mathrm{d}F^-}{\mathrm{d}\tau} = \gamma_2 F^+ - \gamma_1 F^- - (1-\gamma_3) \varpi F \exp\left(-\frac{\tau}{\mu_0}\right) \qquad （5\text{-}24）$$

式中，γ_1、γ_2 和 γ_3 是多次散射中每一项的权重系数。假设 $F_{\mathrm{dif}} = F^- - F^+$，$F_{\mathrm{sum}} = F^- + F^+$，则可以解出向上和向下的通量，并且可以证明：

$$\frac{\mathrm{d}^2 F_{\mathrm{dif}}}{\mathrm{d}\tau^2} = k^2 F_{\mathrm{dif}} + \chi \exp\left(-\frac{\tau}{\mu_0}\right) \qquad （5\text{-}25）$$

式中，$k^2 = \gamma_1^2 + \gamma_2^2$；$\chi$ 是一个系数。式（5-25）就是辐射传输中的扩散方程。

5.1.3　辐射传输方程的数值解法

辐射传输方程一般不存在解析解，但对于一些情况下的特定问题有解析解，其解法有无散射大气的形式解法和奇异本征函数法等。这类方法能获得解析解的原因是针对特殊问题进行了一些条件的简化，如简单的散射相函数和空间结构。简化的解法并不能用于解决实际的大气辐射传输问题，而主要用于检验特殊情况下的数值解。单色辐射传输有大量的数值解法，每种解法都有其优势，下面具体介绍几种常用的解法，读者可自行查阅相关文献了解其他解法。

1. 球谐波解法

基于辐射传输方程，辐射强度被展开为球谐函数，式（5-18）中强度的第 m 个方位角分量为

$$I^m(\tau,\mu) = \sum_{l=m}^{L} (2l+1)d_l^m(\tau)P_l^m(\tau) \tag{5-26}$$

式中，L 为一个足够大的数；$P_l^m(\tau)$ 为连带勒让德函数；$d_l^m(\tau)$ 为展开系数。可以看出，辐射强度的精度随 L 的增大而增大。将展开式代入辐射传输方程，可得到 $L+1-m$ 个联立的微分方程组，在已知边界条件下可以解这个方程组。

2. 逐次散射法

利用迭代法解辐射传输方程，设 I_n 为 I 经过 n 次散射的辐射场，也是 I_{n-1} 经过 1 次散射的辐射场。由式（5-10）可得

$$\mu\frac{\mathrm{d}I_n(\tau;\mu,\phi)}{\mathrm{d}\tau} = -J_n(\tau;\mu,\phi) \tag{5-27}$$

因此，n 次散射源函数为

$$\begin{aligned}
J_n(\tau;\mu,\phi) = &\frac{\varpi(\tau)}{4\pi}\int_0^{2\pi}\mathrm{d}\phi'\int_{-1}^{1}\mathrm{d}\mu'P(\tau;\mu,\phi,\mu',\phi')I_{n-1}(\tau_v,\mu',\phi') + \\
&\delta_{1n}[1-\varpi(\tau)]B[T(\tau)] + \delta_{1n}\frac{\varpi(\tau)I_0}{4\pi}P(\tau;\mu,\phi,-\mu_0,\phi_0)\exp(-\tau/\mu_0)
\end{aligned} \tag{5-28}$$

式中，$I_0=0$。可以通过积分获得各阶 I_n，总的散射场为

$$I(\tau,\mu,\phi) = \sum_{n=1}^{\infty} I_n(\tau,\mu,\phi) \tag{5-29}$$

3. 蒙特卡罗方法

从本质上来说，一个光子的散射是一个随机过程，那么散射相函数就是散射到某个角度上的概率密度函数。这种方法就是蒙特卡罗方法（Monte Carlo Method），其原理简单、使用灵活，可以用来解决各种难题。

光子被连续地释放，在介质中经过的距离 l 服从泊松分布（Poisson Distribution），即

$$r = \exp(-l/l_0) \tag{5-30}$$

式中，l_0 为平均自由光程。因此，某个光子经过的距离为

$$l = l_0 \ln(1/r) \tag{5-31}$$

式中，r 是区间 $(0,1)$ 上的随机数，是体积消光系数的倒数。

$$l_0 = 1/e_\nu \tag{5-32}$$

光子的散射方向 (θ, ϕ) 可以表示为

$$\begin{cases} \phi = 2\pi r \\ r = \dfrac{\displaystyle\int_0^\theta P(\theta')\sin\theta'}{\displaystyle\int_0^\pi P(\theta')\sin\theta'} \end{cases} \tag{5-33}$$

5.1.4　基于逐次散射法的探测模型

卷云是卫星遥感和目标探测等工程应用中的重要影响因素之一，本节基于逐次散射法在薄卷云背景下建立被动探测模型。根据光在混浊介质中的辐射传输方程，有

$$-\frac{\mathrm{d}I(s,\varOmega)}{\beta_{\text{ext}}\mathrm{d}s} = I(s,\varOmega) - J(s,\varOmega) \tag{5-34}$$

式中，$\varOmega$ 为立体角。源函数为

$$J(s,\varOmega) = \frac{\varpi}{4\pi}\int_{4\pi} I(s,\varOmega')P(\varOmega'',\varOmega)\mathrm{d}\varOmega' + (1-\varpi)B(T) \tag{5-35}$$

式中，$\varOmega'$、$\varOmega$ 分别为散射相函数 P 的入射和出射立体角，并且 $\mathrm{d}\varOmega = \mathrm{d}\mu\mathrm{d}\phi$；$\varpi$ 为单次散射反照率。由式（5-34）可以得到 $s=0$ 时的多次散射解，即

$$I(0,\varOmega) = I(s,\varOmega)\exp(-\beta_{\text{ext}}s) + \int_0^s J(s',\varOmega)\exp(-\beta_{\text{ext}}s')\beta_{\text{ext}}\mathrm{d}s' \tag{5-36}$$

式中，等号右边第一项是直接传输项，第二项是多次散射项。在式（5-36）的基础上建立激光穿过平面平行卷云的目标–探测器系统，如图 5-2 和图 5-3 所示。

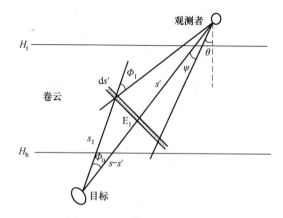

图 5-2　探测模型中的一阶散射

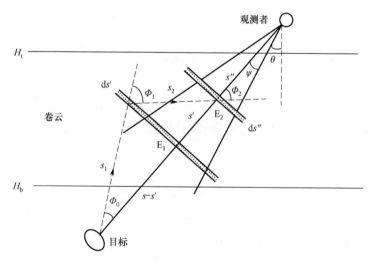

图 5-3　探测模型中的二阶散射

1. 直接传输

由图 5-2 可知，目标在探测器的视场中的立体角大小为

$$\Delta\Omega_t \approx \frac{\pi r_t^2}{s^2} \tag{5-37}$$

式中，r_t 是目标的有效半径；s 是目标和探测器之间的距离，在平面平行云层结构中 $s = \dfrac{\Delta H}{\mu}$，其中 ΔH 是云层的厚度。探测器的视场角为

$$\Delta\Omega = 2\pi(1-\cos\psi) = 4\pi\sin^2\left(\frac{\psi}{2}\right) \approx \pi\psi^2 \tag{5-38}$$

式中，ψ 为探测器的半波束宽度。若目标只向外辐射，那么经过直接传输之后探测器接收到的辐射强度为

$$I_{\text{det}} = \left(\frac{r_t}{s\psi}\right)^2 B(T)\exp(-\beta_{\text{ext}}s) \tag{5-39}$$

2. 一阶散射

根据式（5-36）可得

$$I^{(n)}(0,\Omega) = \int_0^s J^{(n)}(s',\Omega)\exp(-\beta_{\text{ext}}s')\beta_{\text{ext}}\mathrm{d}s', \quad n=1,2,\cdots \tag{5-40}$$

式中，s' 为 E_1 和探测器之间的距离；n 表示散射的阶数。源函数为

$$J^{(n)}(s',\Omega) = \frac{\varpi}{4\pi}\int_{\Delta\Omega} I^{(n-1)}(s',\Omega')P(\Omega',\Omega)\mathrm{d}\Omega' \tag{5-41}$$

由式（5-40）可知，当 $n=1$ 时，一阶散射功率为

$$I^{(1)}(0,\Omega) = \int_0^s J^{(1)}(s',\Omega)\exp(-\beta_{\text{ext}}s')\beta_{\text{ext}}\mathrm{d}s' \tag{5-42}$$

根据式（5-41）可知，其源函数为

$$J^{(1)}(s',\Omega) = \frac{\varpi}{4\pi}I^{(0)}(s',\Omega)\int_{\Delta\Omega^{(1)}} P(\Omega',\Omega)\mathrm{d}\Omega' \tag{5-43}$$

式中，$\Delta\Omega^{(1)}$ 为接收散射辐射的立体角。在距离为 s' 的薄层中，探测器的视场角为

$$\Delta\Omega^{(1)} = 2\pi\Phi_1 = 2\pi\left[\psi + \arctan\left(\frac{s'\tan\psi}{s-s'}\right)\right] \tag{5-44}$$

在式（5-43）中，有

$$I^{(0)}(s',\Omega) = \left(\frac{r_t}{s\psi}\right)^2 B(T)\exp\left[-\beta_{ext}(s-s')\right] \tag{5-45}$$

3. 高阶散射

图 5-3 给出了二阶散射的情况，在这种情况下辐射传输到第一次散射的薄云层的直接强度为

$$I^{(0)}(s') = \left(\frac{r_t}{s\psi}\right)^2 B(T)\exp\left(-\beta_{ext}s_1\right) \tag{5-46}$$

式中，s_1 是第一次散射点和目标之间的距离。

$$s_1 = \frac{s-s'}{\cos\Phi_0} \tag{5-47}$$

式中，$\Phi_0 \in \left[0,\frac{\pi}{2}\right)$。第一次散射的散射角可表示为

$$\tan\Phi = \frac{-(s-s')+[(s-s'')^2+4(s-s')(s'-s'')\tan^2\Phi_1]^{\frac{1}{2}}}{2(s-s'')\tan\Phi_1} \tag{5-48}$$

式中，Φ_1 是第一次散射的散射角；s'' 是第一次散射薄层和探测器之间的距离。因此，一阶散射的源函数为

$$J^{(1)}(s',\Omega'') = \frac{\varpi}{4\pi}I^{(0)}(s')\int_{\Delta\Omega^{(1)}}P(\Omega',\Omega'')\mathrm{d}\Omega' \tag{5-49}$$

由式（5-40）可知，一阶散射功率为

$$I^{(1)}(s',\Omega') = \int_0^s J^{(1)}(s',\Omega')\exp(-\beta_{ext}s_2)\beta_{ext}\mathrm{d}s'' \tag{5-50}$$

式中，s_2 为第一次散射点和第二次散射点之间的距离。

$$s_2 = \frac{s'-s''}{\cos\Phi_2} = \frac{s'-s''}{\cos(\Phi_1-\Phi_0)} \tag{5-51}$$

式中，Φ_2 是第二次散射的散射角。与一阶散射的方法相同，二阶散射相函数可以表示为

$$J^{(2)}(s'',\Omega) = \frac{\varpi}{4\pi}\int_{\Delta\Omega^{(2)}} I^{(1)}(s'',\Omega'')P(\Omega'',\Omega)\mathrm{d}\Omega'' \tag{5-52}$$

因此，由式（5-40）可以得到二阶散射功率，即

$$I^{(2)}(0,\Omega) = \int_0^s J^{(2)}(s'',\Omega)\exp(-\beta_{\mathrm{ext}}s'')\beta_{\mathrm{ext}}\mathrm{d}s'' \tag{5-53}$$

最后探测接收到的目标辐射包括直接传输功率、一阶散射功率、二阶散射功率和更高阶散射功率，即

$$I(0,\Omega) = I_{\mathrm{d}}(0,\Omega) + \sum_{n=1}^{N} I^{(n)}(0,\Omega) \tag{5-54}$$

5.2　均匀平面平行卷云的激光传输和散射特性

激光会被大气中的大气分子、气溶胶粒子吸收和散射，从而造成其衰减。散射会改变激光的传输方向，导致沿原方向传输的能量降低，而吸收则会降低激光的能量，这一部分能量会加热大气，对于高能激光，温度升高的大气会造成非线性效应，严重影响工程应用。大气分子存在于整个大气层中，其密度随着海拔的升高而增大，而气溶胶粒子主要存在于海拔较低的大气中，其密度随着海拔升高而减小。本节对大气分子和气溶胶粒子进行分析，并基于逐次散射法建立均匀平面平行卷云的激光传输模型。

5.2.1　复杂大气背景的物理特性

1. 大气分子

图 5-4、图 5-5 分别给出了在不同地区大气分子对 0.86 μm 和 1.55 μm 波长激光的吸收系数与散射系数随海拔的变化情况。对于 0.86 μm 波长的激光来说，热带地区大气分子的吸收系数随海拔升高而减小，中纬度地区大气分子的吸收系数随海拔升高先减小后增大；对于 1.55 μm 波长的激光来说，热带地区和中纬度地区大气分子的吸收系数都随海拔升高迅速减小，与 0.86 μm

波长的情况相比，在低空情况下吸收系数大，但在高空情况下吸收系数小。从图 5-4（b）和图 5-5（b）中可以看出，散射系数对于地区影响因素不敏感，而不同波长激光的散射系数则相差很大。因此，在实际的工程应用中应当根据地区和海拔等因素选用合适波长的激光。

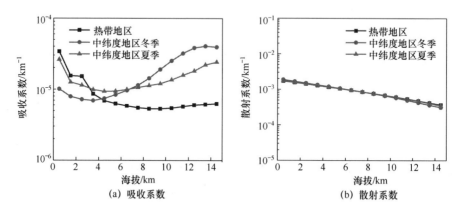

图 5-4　在不同地区大气分子对 0.86 μm 波长激光的吸收系数与散射系数

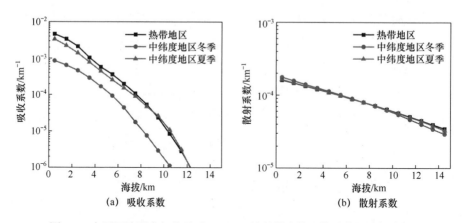

图 5-5　在不同地区大气分子对 1.55 μm 波长激光的吸收系数与散射系数

2. 气溶胶粒子

在不同环境中气溶胶粒子对 0.86 μm 和 1.55 μm 波长激光的吸收系数与散射系数随海拔的变化情况如图 5-6、图 5-7 所示。从图 5-6、图 5-7 中可以看出，在不同环境中气溶胶粒子的吸收系数只在海拔较低时相差较大，由大到小依次是城市、乡村、海洋和沙漠,这是因为在城市和乡村环境中人类活动导致产生了大量的气溶胶粒子,而在干燥、有风的沙漠环境中则不易产生气溶胶粒子。散射系数则随着海拔的升高而减小。0.86 μm 和 1.55 μm 波长的激光在四种环境中的吸收系数与散射系数的变化趋势非常相似。和大气分子相比,气溶胶粒子对激光的衰减幅度更大,并且受环境的影响更大,因此应当着重考虑工程应用的环境。

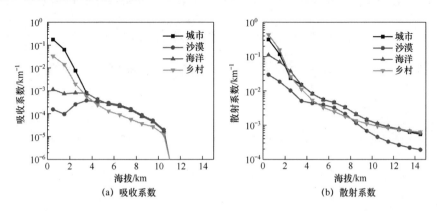

图 5-6　在不同环境中气溶胶粒子对 0.86 μm 波长激光的吸收系数与散射系数

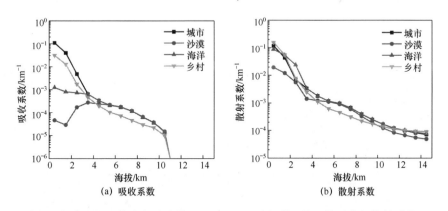

图 5-7　在不同环境中气溶胶粒子对 1.55 μm 波长激光的吸收系数与散射系数

5.2.2　基于逐次散射法的激光传输模型

前文介绍了基于逐次散射法的被动探测模型,探测器接收到的是目标的黑体辐射,本节介绍激光传输模型。

1. 直接传输

激光在卷云中的传输服从比尔定律，目标接收到的直接传输功率为

$$F_0 = F \exp(-\tau) \tag{5-55}$$

式中，F 是激光发射功率；τ 是激光路径上的光学厚度。大气中的冰晶粒子、气溶胶粒子和大气分子都会对激光产生衰减，因此总的光学厚度为

$$\tau = \tau_{ice} + \tau_{aer} + \tau_{mol} = (\beta_{ice} + \beta_{aer} + \beta_{mol})s \tag{5-56}$$

式中，β_{ice}、β_{aer}、β_{mol} 分别为冰晶粒子、气溶胶粒子和大气分子的消光系数。

2. 一阶散射

如图 5-8 所示，对于一阶散射，根据式（5-41）可知，源函数为

$$J^{(1)}(s', \Omega') = \frac{\varpi}{4\pi} F^{(0)}(s', \Omega') \int_0^{\Phi_1} P(\Theta) \sin \Theta \mathrm{d}\Theta \tag{5-57}$$

式中，$F^{(0)}(s', \Omega)$ 和散射角分别为

$$F^{(0)}(s', \Omega') = F \exp(-\beta_{ext}(s - s')) \tag{5-58}$$

$$\Phi_1 = \arctan\left(\frac{r}{s - s'}\right) \tag{5-59}$$

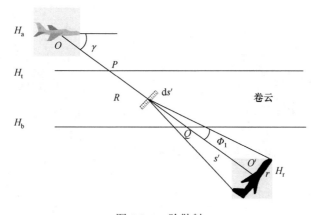

图 5-8　一阶散射

因此，目标接收到的一阶散射功率为

$$F^{(1)}(0,\Omega) = \exp\left[-(\tau_{\mathrm{aer}} + \tau_{\mathrm{mol}})\right]\int_0^{PQ} J^{(1)}(s,\Omega)\exp(-\beta_{\mathrm{ice}}s)\beta_{\mathrm{ice}}\mathrm{d}s \qquad （5\text{-}60）$$

3．二阶散射

高空与低空激光单程传输二阶散射如图 5-9 所示，与一阶散射相同，首先写出源函数，即

$$J^{(1)}(s',\Omega') = 2F^{(0)}(s',\Omega')\int_0^{\Phi_1 u} P(\Phi_1)\sin\Phi_1\mathrm{d}\Phi_1 \qquad （5\text{-}61）$$

式中，$F^{(0)}(s',\Omega')$ 是直接传输分量。$\Phi_1 u$ 为

$$\Phi_1 u = \min\left\{\arctan\left[\frac{(H_\mathrm{t} - H_\mathrm{b})\cos\gamma}{s' - s''}\right], \arctan\left[\frac{(H_\mathrm{t} - H_\mathrm{b})(1/\cos\gamma - \cos\gamma)}{s' - s''}\right]\right\}$$

$$（5\text{-}62）$$

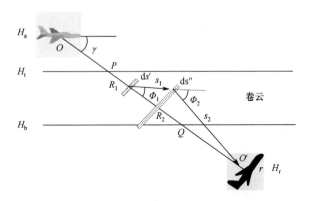

图 5-9　高空与低空激光单程传输二阶散射

因此，一阶散射功率可以写为

$$F^{(1)}(s'',\Omega') = \int_0^s J^{(1)}(s',\Omega')\exp(-\beta_{\mathrm{ext}}s_1)\beta_{\mathrm{ext}}\mathrm{d}s' \qquad （5\text{-}63）$$

其次写出二阶散射的源函数，即

$$J^{(2)}(s'',\Omega') = \frac{\varpi}{2}\int_{\Phi_2 - \Phi_2}^{\Phi_2 + \Phi_2} F^{(1)}(s'',\Omega')P(\Phi)\sin\Phi\mathrm{d}\Phi \qquad （5\text{-}64）$$

式中，角度分别为

$$\varPhi_2 = \frac{\pi}{2} + \varPhi_1 - \arctan\left[\frac{s'' + u}{(s' - s'')\tan\varPhi_1}\right] \tag{5-65}$$

最后可得，二阶散射功率为

$$F^{(2)}(0, \Omega') = \exp\left[-(\tau_{aer} + \tau_{mol})\right]\int_0^s J^{(2)}(s'', \Omega')\exp(-\beta_{ext}s_2)\beta_{ext}\mathrm{d}s'' \tag{5-66}$$

5.2.3 激光高空与低空单程传输模型计算

1. 不同环境、目标高度对激光传输和散射的影响

接下来模拟中纬度地区夏季不同环境中的激光传输，使用的激光波长为 1.55 μm，飞机和目标之间的距离为 50 km，云层高度为 9～10 km，假设云层中是有效半径为 40 μm 的平板粒子，目标的有效半径为 3 m。

图 5-10～图 5-12 分别给出了不同环境中的飞机在云上、云中、云下时的直接传输功率和一阶散射功率随目标高度的变化情况，可以看出，四种环境中的大气分子和气溶胶粒子对激光的传输都有一定程度的衰减，对激光的衰减由小到大依次为沙漠、海洋、乡村和城市，并且随着目标高度的增加，大气分子和气溶胶粒子对激光的衰减逐渐减小，在 6 km 以上高空的衰减可以忽略不计。

图 5-10 所示为飞机在云上时的情形，直接传输功率在云层下方时随着目标高度的增加而减小，在云底时达到最小值，在云顶时达到最大值，之后则保持不变，这是因为在云底时激光穿过云层的距离最远。目标在云上时直接输出功率不变是因为此时激光没有经过云层，并且大气分子和气溶胶粒子的影响可以忽略。一阶散射功率随着目标高度的增加而增大，在接近云顶时达到最大值，这是因为激光穿过云层的距离一直在增加，散射作用增强。当目标高度大于 10 km 时没有散射，因为激光没有经过云层，也没有被散射。

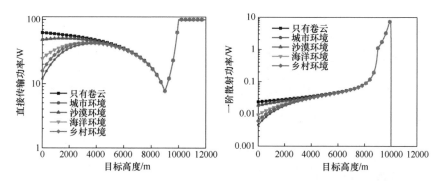

图 5-10　不同环境中的飞机在云上（11 km）时的直接传输功率和一阶散射功率
随目标高度的变化情况

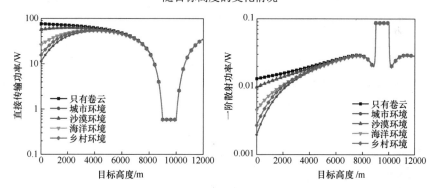

图 5-11　不同环境中的飞机在云中（9.5 km）时的直接传输功率和一阶散射功率
随目标高度的变化情况

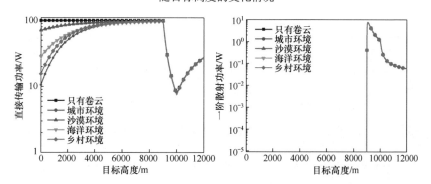

图 5-12　不同环境中的飞机在云下（8 km）时的直接传输功率和一阶散射功率
随目标高度的变化情况

图 5-11 所示为飞机在云中时的情形，当目标在云中时直接传输功率最
小，并且几乎保持不变，目标离云层越远衰减越小。对于一阶散射功率，目

标接近云底和云顶时达到最大值，并且目标在云中时保持不变。目标接近云层时，一阶散射功率先增大后减小，在云层边界处达到最小值。

图 5-12 所示为飞机在云下时的情形，与飞机在云上时的情形相反，目标在云顶时直接传输功率最小。当目标在云下时，激光不经过云层，因此没有一阶散射功率。

2. 卷云的微物理特性对激光传输和散射的影响

除不同环境中的大气分子、气溶胶粒子对激光传输和散射有影响以外，卷云的微物理特性也是十分重要的影响因素。图 5-13～图 5-15 分别给出了只有冰云存在时冰晶粒子的有效半径、冰水含量、粒子形状对激光传输和散射的影响。

图 5-13 给出了不同有效半径时的直接传输功率和一阶散射功率随目标高度的变化情况，可以看出，有效半径越大，直接传输功率和一阶散射功率越大，并且目标在云顶时一阶散射功率的极大值也越大。

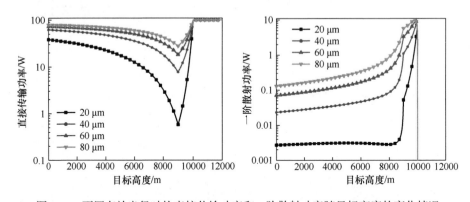

图 5-13　不同有效半径时的直接传输功率和一阶散射功率随目标高度的变化情况

图 5-14 给出了不同冰水含量时的直接传输功率和一阶散射功率随目标高度的变化情况，可以看出，冰水含量越大，直接传输功率和一阶散射功率越小，这是因为冰水含量是影响光学厚度的重要物理量。然而在不同的冰水含量下，一阶散射功率的极大值相同。

图 5-15 给出了不同粒子形状时的直接传输功率和一阶散射功率随目标

高度的变化情况，可以看出，不同形状冰晶粒子的直接传输功率完全相同，这是因为虽然粒子形状不同，但是云层的消光系数相同。然而当粒子形状不同时，一阶散射功率不同，平板粒子的一阶散射功率最大，这是因为不同形状的冰晶粒子具有不同的散射相函数。

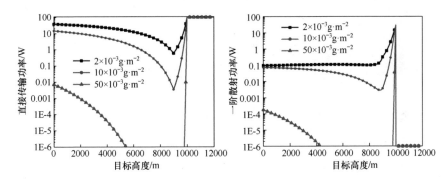

图 5-14　不同冰水含量时的直接传输功率和一阶散射功率随目标高度的变化情况

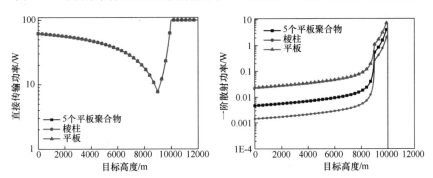

图 5-15　不同粒子形状时的直接传输功率和一阶散射功率随目标高度的变化情况

5.2.4　卷云厚度对激光传输和散射的影响

卷云对激光传输和散射的影响可从卷云的微物理特性和几何形状两个方面进行分析。对于卷云的微物理特性，5.2.3 节分析了卷云中冰晶粒子的有效半径、冰水含量、粒子形状不同时激光的直接传输功率和一阶散射功率随目标高度的变化。本节将针对卷云的几何形状因素，分析卷云厚度及卷云与目标之间的距离对激光的直接传输和一阶散射的影响。为了分析卷云厚度对直接传输和一阶散射的影响，建立如图 5-16 所示的模型，其中激光垂直进入云层，目标在发射端正下方。卷云的微物理参数如下：冰晶粒子的有效半径为 40 μm，粒子形状为实心棱柱，冰水含量为 $2.4 \times 10^{-3} \, \text{g/m}^3$。

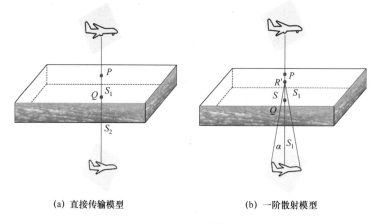

(a) 直接传输模型　　　　　(b) 一阶散射模型

图 5-16　分析模型

图 5-17 给出了卷云厚度及卷云与目标之间的距离变化时激光穿过卷云的直接传输功率和一阶散射功率。直接传输功率随卷云厚度的增加而呈指数下降趋势，但不会随卷云与目标之间的距离改变而改变。一阶散射功率随卷云与目标之间距离的增加而减小，并且随卷云厚度的增加先增大后减小。当卷云厚度为 0 且卷云与目标之间的距离为 1.7 km 左右时，一阶散射功率具有极大值。由于薄的云层将激光轻微散射，但会导致强烈的直接透射，因此到达目标的一阶散射功率非常大。然而厚的云层会使激光产生多次散射，从而导致一阶散射功率较小。

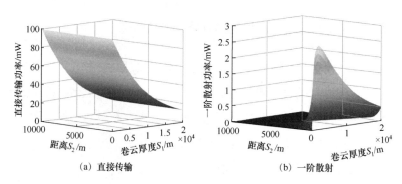

(a) 直接传输　　　　　(b) 一阶散射

图 5-17　卷云厚度及卷云与目标之间的距离对直接传输和一阶散射的影响

5.3　均匀球形边界卷云的激光传输和散射特性

考虑地球曲率的影响，更贴近真实情况的云层模型应该是球形边界的云层模型，如图 5-18 所示。当飞机和目标之间的水平距离很小时，可以使用 5.2 节中介绍的平面平行边界的模型，但是随着距离的增加，误差会逐渐增大，原因就是受到地球曲率的影响。利用式（5-55）和式（5-60）计算激光的直接传输功率和一阶散射功率，图 5-19～图 5-21 分别给出了飞机在云上、云中和云下时的结果。

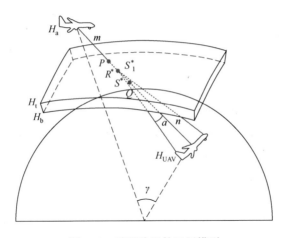

图 5-18　球形边界的云层模型

图 5-19 给出了飞机在 12 km 高度时不同地心角对直接传输和一阶散射的影响。从图 5-19 中可以看出，当地心角为 0.6° 时，直接传输功率和一阶散射功率的变化趋势与单层云模型的计算结果非常相似。当地心角为 1.5° 时，直接传输功率和一阶散射功率比地心角为 0.6° 时小，这是因为地心角越大，激光穿过的云层的光学厚度越大。当目标在云底时，直接传输功率都具有最小值，但是地心角为 1.5° 时达到最大值的高度要比地心角为 0.6° 时更大，这是由于受到曲率的影响，云层上部凸起部分对激光的衰减。不同地心角时的一

阶散射功率差距较大，首先，地心角为 0.6° 时一阶散射功率在云下随目标高度增加而增大，而地心角为 1.5° 时一阶散射功率随目标高度增加而减小；其次，一阶散射功率在云底和云顶都有剧烈的变化。产生这些变化的原因是曲率对云层几何形状产生了影响，进而对激光的直接传输和一阶散射产生了影响。

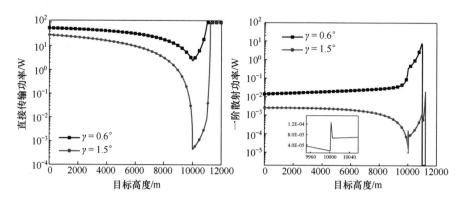

图 5-19　飞机在 12 km 高度时不同地心角对直接传输和一阶散射的影响

图 5-20 给出了飞机在 10.5 km 高度时不同地心角对直接传输和一阶散射的影响。从图 5-20 中可以看出，地心角越小，直接传输功率曲线关于云层中部处的对称性就越高，直到为平面平行时严格对称（见图 5-11）。当地心角为 0.6° 时，目标进入云层后一阶散射功率保持不变，而地心角为 1.5° 时一阶散射功率达到极大值之后急剧减小，又在目标高于云层后增大。

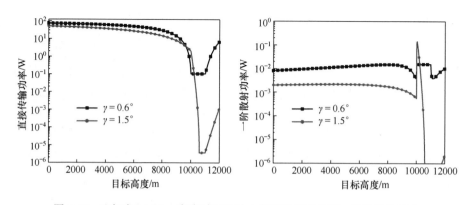

图 5-20　飞机在 10.5 km 高度时不同地心角对直接传输和一阶散射的影响

图 5-21 给出了飞机在 9 km 高度时不同地心角对直接传输和一阶散射的影响。从图 5-21 中可以看出,不同地心角时直接传输功率和一阶散射功率的变化趋势相同,并且一阶散射功率在云底的极大值相同,唯一的差别就是地心角越大,对激光的衰减越大。

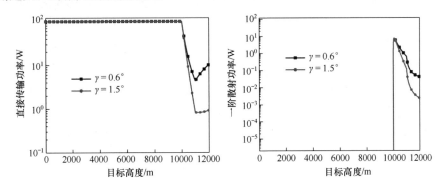

图 5-21　飞机在 9 km 高度时不同地心角对直接传输和一阶散射的影响

5.4　两种边界非均匀卷云的激光传输和散射特性

图 5-22 给出了飞机在 12 km 高度时不同边界非均匀卷云对直接传输和一阶散射的影响,可以看到结果与图 5-19 非常相似(平面平行边界对应地心角为 0.6° 时的情形),并且看不出非均匀卷云与均匀卷云两种情况的差别。因此,这种情况下卷云的垂直非均匀性对激光的影响比几何形状更小。

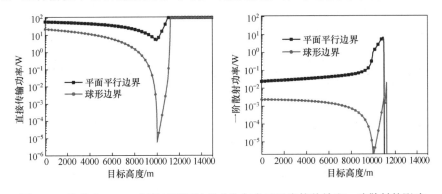

图 5-22　飞机在 12 km 高度时不同边界非均匀卷云对直接传输和一阶散射的影响

图 5-23 给出了飞机在 10.5 km 高度时不同边界非均匀卷云对直接传输和一阶散射的影响，曲线的整体趋势与均匀卷云情况保持一致。当目标在云中时，两种边界非均匀卷云的直接传输功率都随目标高度增加逐渐增大，而均匀卷云则保持不变。这是因为，云底的光学厚度比云顶大，目标在云底时激光经过的云层的光学厚度比目标在云顶时大。

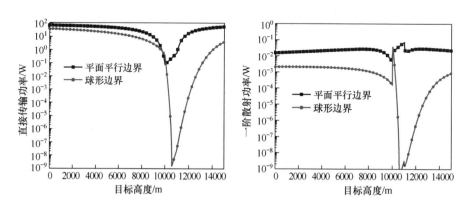

图 5-23　飞机在 10.5 km 高度时不同边界非均匀卷云对直接传输和一阶散射的影响

图 5-24 给出了飞机在 9 km 高度时不同边界非均匀卷云对直接传输和一阶散射的影响。与飞机在 12 km 高度时的情形相同，非均匀卷云与均匀卷云两者之间的差异很小，这更加印证了卷云的垂直非均匀性对激光的影响比几何形状更小的结论。

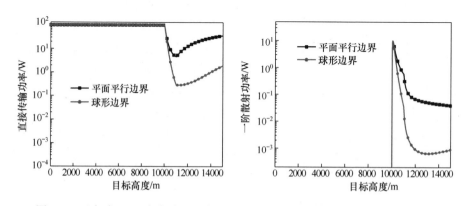

图 5-24　飞机在 9 km 高度时不同边界非均匀卷云对直接传输和一阶散射的影响

第6章 冰晶粒子云层的激光传输特性及应用

最新的卫星观测数据表明，云约覆盖地球表面的 67%，并通过散射和吸收入射太阳光的短波辐射及地面的长波辐射等作用来影响地-气系统的辐射收支，从而驱动气候变化。按云内的温度和云粒子的相态特性，可将大气中的云进一步划分为由液态水滴组成的水云、由冰晶粒子组成的冰云等。由于云粒子的形状、尺度及其在不同海拔的分布特征等在空间和时间上都是复杂多变的，并且在大多数情况下真实云的微物理特性依旧是未知的，所以尚不太可能对云进行非常精确的建模，这也就导致无法量化云的辐射效应。云作为离散随机介质的一种，不可避免地会对星地链路激光通信、卫星遥感、陆基和天基激光雷达探测等造成背景干扰。对云层的光散射与辐射特性的研究不但有助于预测气候变化、理解全球大气系统辐射收支，而且对大气物理学中的其他领域具有重要意义[57]。本章首先介绍冰晶粒子云层散射研究概况、物理特性、散射特性，然后结合地空链路云层背景，给出单、双程传输应用模型。

6.1 冰晶粒子、冰云及其散射特性

当前大气科学界已将云的辐射效应作为研究的热点问题之一。国际上权威的气候变化评估机构——联合国政府间气候变化专门委员会（Intergovernmental Panel on Climate Change，IPCC）在报告中指出，云辐射之间的相互作用是当

前气候变化研究中最不确定的因子之一。可以从两个方面对此进行解释。从微观上讲，云是悬浮在大气中的液态水滴或冰晶的集合。当光经过云层传输时，云中各种形状的粒子对光有散射和吸收作用，从而造成光的衰减。从宏观上讲，经对流、湍流及地形等外部环境的作用，云的几何特性和外观特性会发生变化，从而进一步导致云粒子的形状呈现出复杂化和多样化的特点。在这种情况下，对云粒子及云层特性进行建模会变得更加棘手。总之，一旦云粒子的微物理特性（相态特征、形状、尺寸和尺度谱分布）和云的几何特性（云型、云底高度）中的任一参量发生变化，都将改变云的辐射效应。因此，在卫星遥感、星地光通信和目标探测等工程应用中准确表示云粒子光散射特性和云层体散射特性（Bulk Scattering Properties）是至关重要的。

6.1.1 冰晶粒子光散射研究概述

高空中的冰晶云覆盖了地球表面的 20%，因此在空地无线光通信领域中对冰晶粒子散射的研究必不可少。为了简化冰晶粒子散射的计算，人们将实际冰晶粒子等效为等体积的球形、椭球形冰晶粒子。随着检测技术的进步，人类对冰云中的冰晶粒子进行了精确的测量，发现冰云中的冰晶粒子形状更为复杂。在随后的冰晶粒子散射研究中，人们的研究重点不再局限于粒子形状、粒子尺寸等对单个冰晶粒子散射特性的影响，而是更多地关注复杂冰晶结构、团聚形冰晶粒子的散射特性。

Yang 和 Fu[58]对 FDTD 法、T 矩阵法和改进几何法的近红外光谱区域中关于冰粒子的单次散射特性进行了对比。Yang 分析了自然界中的 7 种非球形冰晶粒子，包括聚合物状、实心六角棱柱、空心六角棱柱、六角平板、子弹玫瑰状、球状和云水滴状冰晶粒子。随后，Yang 还开发了以上 7 种冰晶粒子的单次散射特性数据库。

Liu[59]利用 DDA 法模拟了子弹玫瑰花结、扇形雪花和树枝状雪花 3 种大型非球形冰晶粒子的散射特性，对冰晶的形状、粒子尺寸和散射角等参数对冰晶粒子散射特性的影响进行了数值分析，这一研究结果从冰晶的形状、粒子尺寸等参数方面分析了接近自然界冰晶形状的冰晶粒子的散射特性。

Liu[60]利用精确的 DDA 法研究了尺寸达到 12 500 μm、复杂形状冰晶粒子的散射特性，并对研究结果进行了归纳整理，建立了这些粒子模型的散射、吸收截面、相位函数、非对称因子和后向散射截面等参数的数据库。

Bacon 和 Swanson[61]通过实验测量了 $-10℃ < T < -5℃$、尺寸大约为 50 μm 的单个六角形冰晶粒子的差分光散射截面和相位函数，对比了六角形冰晶粒子在平行或垂直于散射平面法线两种情况下的散射特性差异，并且对实验测量的数据与六角形冰晶粒子理论模型散射数据进行了简单的比较。

Borovoi 和 Grishin[62]编写了用于计算卷云大型冰晶粒子散射光问题的射线追踪代码，可用于任意取向性冰晶粒子的散射研究；通过对六角平板和六角棱柱两种形状冰晶粒子的散射研究，进一步强调了这一计算方法中冰晶粒子内部入射波干涉现象对散射参数的影响。

Burnashov 等[63]利用经典的几何光学法，计算了取向为水平面的六角棱柱和六角平板两种形状冰晶粒子的散射矩阵，分析了定向性六角棱柱和六角平板两种形状冰晶粒子的散射能量分布与其散射角的关系；在改变六角平板和六角棱柱偏离水平面的小角度的基础上，讨论了取向性对于冰晶粒子散射特性的影响。

Grishin[64]模拟了各种形状的随机取向冰晶粒子的散射和极化特性，给出了几何光学法和射线追踪法关于不同六边形冰晶粒子的缪勒矩阵计算结果，分析了随机取向和定向两种情况下冰晶粒子光学现象的规律性；对实心板、恒星枝晶、扇形板、六角星形板等不同形状冰晶粒子的相函数进行了比较。

Konoshonkin 等[65]比较了几何光学法和物理光学法对水平定向性六角平板冰晶粒子光散射特性的计算结果，分析了水平和有角度时的六角平板冰晶粒子的散射特性随散射角的变化情况。研究结果表明，几何光学法对水平定向性六角平板冰晶粒子的后向散射数值模拟精度较高，几何光学法的数值结果与物理光学法相比，误差不超过 5%。

Aden 和 Kerker[6]在 1951 年第一次发现了自然界中球形核壳结构粒子的存在，并在随后的研究中严格推导出了球形核壳结构粒子每个散射场的计算公式。随着科技的进步，专家们将双层球形核壳结构粒子的理论进一步延伸[1]，推导出了关于多层均匀球形粒子的米氏散射理论，这一研究从理论上解决了多层均匀介质球形核壳结构粒子的散射计算问题。

Yang 等[66]在传统的米氏散射理论基础上，将核壳结构粒子的散射计算扩展到双层包覆球形冰晶粒子的散射计算中，对空心冰球粒子、烟煤包裹冰晶粒子等双层核壳结构冰晶粒子的消光效率、单次散射反照率等进行了数值模拟。研究结果表明，核壳结构冰晶粒子的消光效率与其尺寸、内外层介质折射率等参数有关。

Räisänen 等[67]从大气中气溶胶粒子对冰晶粒子散射的影响出发，建立了在冰晶粒子生长过程中具有 H_2SO_4/H_2O 涂层的双层核壳结构冰晶粒子模型，对核壳结构冰晶粒子外部涂层厚度、粒子尺寸等参数对冰晶粒子散射特性的影响进行了数值模拟。研究结果表明，H_2SO_4/H_2O 涂层对小尺寸核壳结构冰晶粒子的光散射特性影响较大。

Xie 等[68]在球形核壳结构冰晶粒子散射研究的基础上，考虑了自然界中冰晶粒子形状的复杂性对核壳结构冰晶粒子散射特性的影响，进行了中间包裹单个和多个气泡的六角棱柱的散射特性研究，对气泡尺寸和气泡位置等物理参数对冰晶粒子散射特性的影响进行数值模拟。在此基础上，还讨论了随机分布的多个六角平板团聚形冰晶粒子散射特性。

Bhandari[69]将米氏散射理论延伸推广到多层球的散射计算中，设计了一种用于获得多层球光散射参数的计算程序。与其他多层球散射求解方法不同的是，该方法将相邻两个介质层的散射系数相关联，由内核向外层递推得到整个多层球散射系数的表达式。Bhandari 利用该方法分析了水包裹烟煤的双层核壳结构冰晶粒子的散射特性。目前，由于该方法在多层球散射研究中的计算结果误差较大，因此它在多层球散射研究中没有得到广泛应用。

Hong[70]利用米氏散射理论计算了等效最大尺度 D、等效体积 V、等效投影面积 A 和等效体积与投影面积比 V/A 四种等效方法下的六角平板、六角棱柱等六种非球形冰晶粒子的散射特性。另外，Hong 还将米氏散射理论计算结果与 DDA 法下的这六种非球形冰晶粒子的散射计算结果进行了对比，结果表明，这四种等效方法下的非球形冰晶粒子的散射计算结果可以与 DDA 法的精确数值结果很好地吻合。

贺秀兰等[71]从米氏散射理论出发，将单个复杂形状的冰晶粒子简化为球形或椭球形粒子，以单个冰晶粒子为考察对象，严格推导了单个冰晶粒子的一系列 T 矩阵计算公式，并对单个长扁圆球和扁平圆球的尺度因子随相对误差的变化情况进行了数值模拟。该研究忽略了粒子形状对冰晶粒子散射特性的影响，且在对椭球形冰晶粒子的研究中未考虑长、短半轴比及入射方向等参数的影响。

姚克亚和刘春雷[72-73]在不考虑冰晶粒子的吸收性的情况下，对实心六角棱柱、空心六角棱柱和子弹玫瑰状三种特殊形状的冰晶粒子散射特性随散射角的变化情况进行了数值模拟。在后期的冰晶粒子散射研究中，姚克亚进一步将六角棱柱冰晶粒子的入射光波范围从可见光延伸到了红外波段，分析了入射波长对冰晶粒子散射特性的影响。研究结果表明，对于红外波段的入射波，冰晶粒子的散射特性研究不能忽略冰晶粒子的吸收性对散射特性的影响。虽然这项研究中的冰晶粒子形状更接近自然界中的实际情况，但其仅考虑了入射光波对冰晶粒子散射特性的影响，未考虑其他几何参数对冰晶粒子散射特性的影响。

王金虎等[74]对目前国内外高空卷云冰晶粒子散射计算方法和测量技术进行了整理，并指出在目前高空卷云冰晶粒子的散射研究中，冰晶粒子几乎都是均匀各向同性介质，很少有考虑冰晶粒子的各向异性散射特性等问题的研究。他们只对非球形纯冰晶粒子的散射特性进行了分析，而没有考虑到复杂结构及复杂介质对冰晶粒子散射特性的影响。

刘建斌[75]根据不规则衍射理论，推导了非球形粒子的消光系数、散射系数和吸收系数计算表达式，并且对入射波在红外波段时的五种非球形冰晶粒子的散射特性进行了数值模拟。与经典的几何光学法和 FDTD 法的数值结果相比，该方法能够很好地实现非球形冰晶粒子散射特性的计算。

与其他研究者不同的是，陈洪滨和孙海冰[76]考虑到了高空中温度对冰晶粒子散射特性的影响。他们提出，当温度高于 0℃等温线时，冰晶表层融化成水介质，此时形成一种特殊壳层结构的冰晶粒子。由此，他们建立了冰-水同心球的双层核壳结构冰晶粒子模型，对比了纯水、纯冰晶和冰-水同心球三种特殊粒子在近红外波段的消光截面、吸收截面和散射截面的变化情况。

张晋源等[77]分析了多波段入射光波对水包冰壳形结构冰晶粒子散射特性的影响，还讨论了改变冰-水壳形结构的内外径比对冰晶粒子散射特性的影响。他们的研究结果指出，随着壳形结构冰晶粒子内外径比的增大，水包冰壳形结构冰晶粒子在红外波段的前向散射比例较大，且随着散射角的增大先减小后增大。该计算结果从理论上指出了在壳形结构冰晶粒子的散射研究中，必须考虑两种介质的内外径比对散射特性的影响。

2017 年，王玉文和董志伟[78]结合 T 矩阵法，对高空卷云中的冰晶粒子散射研究中的入射波长进行了改变，讨论了太赫兹波段的多种非球形冰晶粒子的光吸收和散射效应，并且对比了太赫兹波段的光波入射时几种不同结构的非球形冰晶粒子的散射特性，随后归纳出了对称性非球形冰晶粒子对入射光波长在太赫兹波段的激光衰减统计模型库。

目前，传统单一尺寸、形状等参数对粒子散射特性影响的研究不能满足现有的需求。因此，人们更加关注粒子本身内在结构、介质属性及外部条件对粒子散射特性的影响。人们通过监测发现自然界中的粒子生成机制较为复杂，导致了粒子内部结构的多样性，尤其是核壳结构粒子的研究中有多种核壳结构模型[79]。

在核壳结构粒子的散射特性研究中，人们对理想多层球核壳结构粒子的研究更多，具体如下。

吴振森和王一平[80]提出了一种稳定、精确的多层球核壳结构粒子散射特性计算方法，该方法的基础是经典米氏散射理论，这导致该方法在实际应用中的求解过程较为烦琐，但是这个问题在随后用各种近似法求解多层球核壳结构粒子散射特性的过程中得到了很好的解决。

田红艳和王省哲[81]分析了具有核壳结构的球形粒子的散射与吸收问题，讨论了入射波长与球形核壳结构粒子内外径比对消光系数、吸收系数和散射系数的影响。他们还对空心铁球、空心碳球、铁包裹碳和碳包裹铁四种特殊结构的核壳结构粒子散射特性进行了简单的数值对比。

潘伟良和任伟[82]给出了各向异性球形双层核壳结构粒子在任意电磁场下的散射场计算解，并建立了级数表达式，求出了散射系数。这种计算方法将均匀各向异性介质球的散射推广到各向异性球形双层核壳结构粒子的散射研究中，比其他数值方法的程序运算速度更快。为了验证各向异性球形双层核壳结构粒子散射特性求解的正确性，他们还将计算结果与其他方法的数值结果进行了简单的对比。

耿友林等[83-84]推广了单层各向异性球体电磁散射解，导出了平面波入射下的各向异性球体散射矢量求解式，并对均匀各向异性铁氧体球的散射截面随散射角的变化情况进行了数值模拟。结果显示，当涂层球体的粒子尺寸趋于零时，涂层球体的散射结果与均匀球的散射结果近乎一致。

林吉龙和韩鹏[85]以球形双层核壳结构粒子为研究对象，讨论了当外层壳为吸收介质时，内外层介质的折射率及外层厚度对粒子散射特性的影响。相较于一般核壳结构粒子的散射特性研究，这一研究讨论了内外层介质的折射率、外层厚度对核壳结构粒子散射特性的影响。

赵卫疆等[86]给出了一种适用于吸收介质粒子的散射级数的表达式，随后将这一结果应用于讨论海水的折射率虚部对存在气泡时海水的光散射特性的影响。计算结果指出，存在气泡的海水会导致散射角 $\theta = 180°$ 时的后向散射强度增大，且这一结果可以应用到存在气泡的其他介质的散射研究中。在双层介质的散射研究中，两种介质的折射率实部和虚部均对散射特性有一定的影响，但该研究只讨论了海水折射率虚部的影响，没有考虑海水折射率实部、入射波长等参数对散射特性的影响。

史复辰等[87]利用米氏散射理论对 Au-Si 球形核壳结构粒子的散射特性进行了数值模拟，对比了金（Au）实心球、硅（Si）实心球、Au 空心球和 Si 空心球四种特殊粒子的光散射特性，随后讨论了入射波长与内部球核半径对两种核壳结构（Au 包裹 Si 和 Si 包裹 Au）粒子光散射特性的影响。该研究结果为材料表面一定排列下具有特殊电磁属性粒子的散射效应研究提供了理论依据。

Li 和 Zhang[88]提出了一种小型多层球粒子散射截面的计算方法。该方法主要解决了多层球粒子的等效介电常数的计算问题，先严格推导了多层球粒子的等效介电常数的计算公式，然后利用经典的米氏散射理论进行计算直接得到了粒子的散射截面，最后通过与吴振森等的多球散射计算进行比较证实了其模型的准确性。相较于传统的多层球米氏理论散射计算方法，该方法关于多层球的计算更加简单，可以用于多层球的模拟计算。

Rysakow 和 Ston[89]在频域内讨论了软体双层核壳结构球体的光散射特性，与其他核壳结构粒子的散射研究相比，他们不仅考虑了核壳结构球体介质参数对散射特性的影响，还考虑了外界环境的介电常数等参数对散射特性的影响。研究结果表明，当内外层介质的介电常数都大于环境的介电常数时，双层核壳结构球体的散射截面与利用有效介电常数计算出来的均匀球体的散射截面相似。但当内层介质的介电常数小于环境的介电常数时，前向散射截面减小，且在某些特定条件下前向散射截面会趋于零。

Aden 和 Kerker[6]关于双层同心核壳结构球体的平面电磁波散射计算问题给出了一种新的解决方案，并且推导出了核壳结构球体散射的解析表达式。相较于传统的核壳结构球体散射计算，这一解决方案具有通用性，且在适当的特殊条件约束下进一步推导还可以简化，从而用于纯介质球体的散射研究。

Edgar[90]使用精确的米氏散射理论计算方法进行核壳结构球体的散射研究。与其他核壳结构粒子的散射特性研究相比，该研究给出了内核为单一介质、球壳为混合介质的核壳结构球体的散射特性。同时，Edgar 还将数值结果与 DDA 法的数值结果进行比较，验证了米氏散射理论中散射强度与入射波长的八次幂成反比的准确性。

与其他研究者不同的是，Lock 和 Philip[91]给出了内部反射次数 $N \leqslant 3$ 时的涂层双层同心球体内的多种光线路径图。他们在研究过程中发现，对于给定内部反射次数的双层核壳结构粒子，由许多不同德拜项会得到相同的散射强度，即不同散射角的散射强度大小相同，这一现象称为路径退化。这一发现极大地降低了核壳结构粒子散射特性研究中粒子内部光线多次内反射路径的复杂性。

Laven 和 Lock[92]主要研究了当粒子尺寸大于入射波长时，涂层球体的散射特性，讨论了在涂层球体的粒子尺寸确定的情况下，改变内核半径对涂层球体散射特性的影响。与其他涂层球体的散射特性研究不同的是，该研究的数值计算给出的是散射角随时间的变化曲线。数值计算结果表明，德拜项参数对于涂层球体的散射特性有较大的影响。

人们在冰晶粒子的散射特性研究中，以更贴近自然界中冰晶粒子的复杂形状的冰晶粒子为研究对象，利用更精确的冰晶粒子散射计算方法，得到更精确的冰晶粒子散射计算结果。2008 年，刘建斌[75]对非球形冰晶粒子的光散射特性进行了数值模拟，并将结果与其他经典算法的数值结果进行了比较。2009 年，Yang 和 Fu[58]对典型的非球形冰晶粒子的散射特性进行了数值模拟，Yang 和 Fu 的非球形冰晶粒子模型比刘建斌的非球形冰晶粒子模型更丰富，他们还建立了较完整的非球形冰晶粒子散射特性数据库。2015 年，Konoshonkin 等[65]考虑到入射光的入射方向对非球形冰晶粒子散射特性的影响，分析了不同入射角度下的六角平板冰晶粒子的散射特性变化情况，该计算在传统的非球形冰晶粒子散射特性研究的基础上，考虑了入射光的入射方向对散射特性的影响，使得关于非球形冰晶粒子的散射计算精度进一步提高。

另外，在自然界中的冰晶粒子的生成机制研究中，异质核化生成机制考虑的条件更多，生成的冰晶粒子的结构更复杂。2003 年，Sassen[93]在实际探测中对比验证了矿物尘埃粒子对佛罗里达州高空冰云的生长具有一定影响，得出了高空矿物尘埃粒子会调节一个地区的气候的理论结果。2009 年，Murray 等[94]将 Sassen 的研究中的矿物尘埃粒子改为烟煤气溶胶粒子，分析了工业中产生的气溶胶粒子对冰云生长等的影响，改变几何参量，通过数据给出了气溶胶粒子对冰晶异质核化的影响情况。随后，Berkemeier 等[95]考虑到海洋气溶胶粒子对冰云生长的影响，通过测量分析影响高空冰云生长的晶核介质成分的来源。

冰晶异质核化生成机制需要考虑其核壳结构，这对分析冰晶粒子的散射特性至关重要。相较于纯冰晶粒子，核壳结构冰晶粒子的散射特性更加精确。2005 年，陈洪斌和孙海冰[76]对冰-水核壳结构冰晶粒子的散射特性进行了数值模拟，冰-水核壳结构只考虑了温度对冰晶粒子生长的影响，而没有考虑气溶胶粒子对冰晶粒子生长的影响。Yang 的壳形冰晶粒子研究只考虑了气泡对冰晶粒子散射特性的影响，没有考虑气溶胶粒子作为晶核介质时核壳结构冰晶粒子的散射特性。

　　综上，冰晶粒子的散射特性研究已经取得了显著进展，特别是复杂形状冰晶粒子方面的研究精度得到了提高，形成了一套完善的纯冰晶粒子散射特性数据库。然而，对于核壳结构冰晶粒子的散射特性研究尚未有太多深入的探讨。目前缺乏关于气溶胶粒子作为晶核介质时核壳结构冰晶粒子散射特性方面的研究工作，异质核化的核壳结构冰晶粒子的散射特性大多为实验测量数据，很少有核壳结构冰晶粒子散射特性的数值模拟数据，这是因为气溶胶粒子的多样性、组成成分及形状复杂性等加大了核壳结构冰晶粒子结构的复杂性，提高了数值计算难度。

　　因此，关于冰晶粒子的散射特性，总结出它的发展趋势如下。

　　（1）在自然环境下，考虑冰晶粒子的异质核化生成机制，建立完善的复杂晶核结构的核壳结构冰晶粒子模型，对单个及多个团聚形非球形复杂形状的核壳结构冰晶粒子的散射特性进行数值模拟。

　　（2）将大气气溶胶粒子的形状及组成成分的多样性、核壳结构冰晶粒子形状的复杂性等对单个及多个团聚形核壳结构冰晶粒子散射特性的影响，推广到高空冰云的激光散射特性研究中，分析核壳结构冰晶粒子对高空冰云散射特性的影响。

　　（3）提出一种适用于任意尺寸范围、复杂形状核壳结构冰晶粒子的散射计算方法，建立完善的核壳结构冰晶粒子数值计算体系，包括几何参数和物理参数对多种单个复杂形状核壳结构冰晶粒子及团聚形核壳结构冰晶粒子的散射计算结果数据库。

　　综上，将云微物理特性、云光散射特性、云天大气辐射传输特性及其工程应用的研究统一称为云光学（Cloud Optics）。云光学各部分之间的关系如图 6-1 所示，可简述为，电磁理论将云微物理特性和云光散射特性连接起来；玻尔兹曼（Boltzmann）输运方程完成了单次散射与多次散射之间的过渡；工程应用对理论结果进行验证，若两者之间的误差较大，则需要重新反演云光散射特性和云微物理特性。如此循环往复，建立了一个完整的云光学特性研究体系。

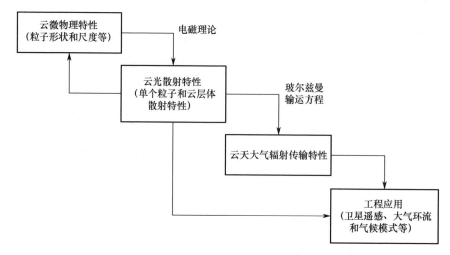

图 6-1　云光学各部分之间的关系

6.1.2　冰晶粒子的散射特性

当海洋和其他表面（湖泊、池塘、潮湿的地面等）中的水吸热蒸发时，通过对流、地形抬升、湍流的作用，水蒸气上升到大气中较冷的部分，并与一种被称为凝结核（Condensation Nuclei）或冰核的物质相互作用，就形成了云[96]。一旦水蒸气受到水饱和度或冰饱和度的作用并冷却后，就形成了可视云/可见云。然而，也存在一些人眼看不到的薄云，被分类为亚视云（Subvisual Clouds），如采用 Terra 和 Aqua 卫星上的中分辨率成像光谱仪（Moderate-resolution Imaging Spectroradiometer，MODIS）方法检测到光学厚度小于 0～3 的卷云称为亚视卷云[97]。此外，云还受水文循环的调节，其中包括蒸发、降水、径流（Runoff）和大尺度环流等。

1803 年，英国科学家 Howard 对云进行了科学的分类，采用拉丁文定义并命名了云的种类和形式[98]。随后，一些气象学家通过增加新的云类型，进一步丰富了云分类的内容[99]。世界气象组织以 Howard 制定的分类法为基础，根据云的外观形状及其在大气中的位置将云细致地划分为四族[96]，分别为高云族、中云族、低云族和直展云族。位于海拔 6 km 以上的云被划分为高云族[97]，其中包括卷云、卷层云和卷积云。根据 1976 年美国标准大气的分类，海拔 6 km 处所对应的温度约为 249 K，比水的凝固温度（273 K）还低 24 K，因此，这些云是由冰晶粒子组成的。位于海拔 2 km 到 6 km 之间的云被划分为中云族，其中包括高积云和高层云，它们是由冰晶粒子和液态水滴混合而成的。位于海拔 2 km 以下的云被划分为低云族，包括层云、层积云和雨层云，这些云是由液态水滴组成的。由于积云和积雨云出现的高度具有不确定性，所以将它们划分为直展云族。表 6-1、表 6-2 分别总结出了云的国际划分[100]和云所在位置的海拔[101]。

表 6-1　云的国际划分

云的形状	高云族	中云族	低云族	直展云族
积状	卷积云	高积云	积云	积云
波状	卷云		层积云	积雨云
层状	卷层云	高层云	层云	

表 6-2　云所在位置的海拔

族	极地	温带	热带
高云族	3～8 km	5～13 km	6～18 km
中云族	2～4 km	2～7 km	2～8 km
低云族		低于 2 km	
直展云族	高度不确定，有时约为 1 km，有时会垂直向上延伸至 15～18 km[97]		

当然，还可以根据云的透明度、颜色、降水等特征进行分类。由于侧重点不同，所以云层的分类也不同。将大气中的云按照温度和粒子相态特性划分为水云（由液态水滴组成）、冰云（由冰晶粒子组成）及混合相态云（由液态水滴和冰晶粒子组成）。本节的研究与分析限于由液态水滴组成的水云和由冰晶粒子组成的冰云。

冰云与水云之间最根本的差异就是所处位置的海拔不同，从而进一步导致了云的外观、几何厚度、云内温度、云粒子的形状和尺度等一系列的差异。冰云常年覆盖地球表面的 20%～30%，但在热带地区覆盖率高达 30%～40%[102]。冰云通常出现在海拔 6 km 以上的高空，由冰晶粒子组成，可分为卷云（Cirrus，

Ci)、卷层云（Cirrostratus，Cs）和卷积云（Cirrocumulus，Cc）等[96]。

图 6-2 给出了卷云、卷层云和卷积云的外观[97,101-106]。通过垂直方向变化的湍流或高层大气的强对流作用，水滴遇冷凝固成冰后就形成了卷云。卷云的云体呈现出多样化，有纤维状、线状、羽毛状等，且卷云的厚度也有很大的不同，在 0.1～8 km 范围内变化，平均厚度为 1～5 km，所以卷云有时薄而透明，有时半透明甚至不透明。此外，卷云能出现在海拔 18 km 处。当入射的太阳光与卷云中的冰晶粒子相互作用时，有时会产生幻日（Sundogs）、晕（Halos）和弧（Arcs）等大气光学现象。卷层云呈乳白色、半透明、大致均匀的薄纱状，它一般位于 5.5～13 km 范围内。它的存在表明上层大气中有大量的水汽，通常会形成降雨或降雪。卷积云由一个个白色的小薄片组成，其云体呈羽毛状、蓬松絮状或团状，但它存在的时间较短，极易消散。卷积云一般出现在 6～12 km 范围内，偶尔会形成降雨。

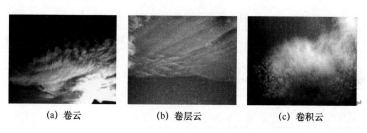

(a) 卷云　　　　　　(b) 卷层云　　　　　　(c) 卷积云

图 6-2　卷云、卷层云和卷积云的外观

与由球形液态水滴组成的水云相比，目前人们对冰云的微物理特性和光学特性的理解仍处于相对较低的水平，特别是在用于各种应用的辐射传输模型中，冰云对大气的辐射作用仍存在很大的不确定性[107]。导致这种不确定性的物理因素有很多，如大气中冰云的位置、冰晶粒子形状和尺度的变化等[108]。衔接上文，为了提高对冰云微观特性的认识，下面介绍冰云中冰晶粒子的形状、尺度谱分布模型、冰水含量等微物理特性。

1. 冰晶粒子的形状及其尺寸的表示

影响冰晶粒子形状的因素有很多，如地理位置、云内温度、相对湿度等[96,106,109]，因此冰云中冰晶粒子的形状呈现出多样化和复杂化的特点，其最基本的形状为柱状或六角板状[110-111]。应用云粒子成像仪、粒子采样探针等机载设备，通过卫星光学成像和地基光学探测等技术对中纬度地区及热带地区范围内冰云的原位观测可知，冰晶粒子的形状主要有实心柱状、空心柱状、六角板状、子弹玫瑰状、聚合物状等[112]。图 6-3 给出了冰晶粒子的形状与温度、相对湿度和高度之间的关系[96,113]。从图 6-3 中可以明显地看出，在温度较低的云顶处，粒子主要为柱状和板状，且粒子的尺寸很小；在相对湿度较低的云底处，产生了不规则的子弹玫瑰状和聚合物状冰晶粒子，且粒子的尺寸较大。

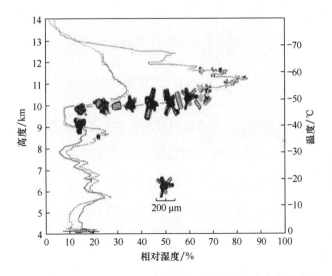

图 6-3　冰晶粒子的形状与温度、相对湿度和高度之间的关系

对非球形冰晶粒子尺寸进行表征通常采用其自身的最大尺寸 D，它对于单个冰晶粒子光散射特性的计算是至关重要的[114-115]。与水云粒子同理，冰云内冰晶粒子的尺寸也不相同，同样采用解析的粒径分布函数 $n(D)$ 表示冰云中冰晶粒子的尺度分布特征。由单个非球形冰晶粒子的最大尺寸 D，给定粒径分布下冰云中冰晶粒子的总体积 V_{tot}、总投影面积 A_{tot}、质量 W_{tot} 可定义为[112,116]

$$V_{\text{tot}} = \sum_{h=1}^{M} \left[\int_0^\infty V_h(D) f_h(D) n(h,D) \mathrm{d}D \right] \tag{6-1}$$

$$A_{\text{tot}} = \sum_{h=1}^{M} \left[\int_0^\infty A_h(D) f_h(D) n(h,D) \mathrm{d}D \right] \tag{6-2}$$

$$W_{\text{tot}} = \rho_{\text{ice}} V_{\text{tot}} \tag{6-3}$$

式中，M 为冰晶粒子的种类数；当冰晶粒子的尺度为 D 时，$V_h(D)$、$A_h(D)$ 分别为第 h 类冰晶粒子的体积和投影面积，$f_h(D)$ 为第 h 类冰晶粒子所占的百分比；ρ_{ice} 为冰晶粒子的密度，其值为 $0.916\,\mathrm{g/cm^3}$。结合式（6-2）和式（6-3）进行分析，冰云的有效尺度可定义为

$$D_{\text{eff}} = 2R_{\text{eff}} = \frac{3\sum_{h=1}^{M} \left[\int_0^\infty V_h(D) f_h(D) n(h,D) \mathrm{d}D \right]}{2\sum_{h=1}^{M} \left[\int_0^\infty A_h(D) f_h(D) n(h,D) \mathrm{d}D \right]} = \frac{3V_{\text{tot}}}{2A_{\text{tot}}} \tag{6-4}$$

式中，D_{eff}、R_{eff} 分别为冰云的有效直径和有效半径，它们是分析冰云平均单次光散射特性及冰云大气辐射传输特性的重要物理量；$n(h,D)$ 为冰云的尺度谱分布模型。冰云粒子的谱分布模型比较多，有修正伽马分布、对数正态分布、标准伽马分布等。以适用于理论计算和分析的标准伽马分布为例，将式（6-4）改写为[117]

$$n(D) = \text{constant} \times D^{(1-3V_{\text{eff}})/V_{\text{eff}}} \exp\left(-\frac{D}{R_{\text{eff}} V_{\text{eff}}}\right) \tag{6-5}$$

式中，$V_{\text{eff}} \in (0,0.5)$ 为有效方差，其定义为

$$V_{\text{eff}} = \frac{\int_0^\infty (D - R_{\text{eff}})^2 D^2 n(D) \mathrm{d}D}{R_{\text{eff}}^2 \int_0^\infty D^2 n(D) \mathrm{d}D} \tag{6-6}$$

2. 冰晶粒子数密度及冰水含量

与水云一样，冰云有效半径 R_{eff}、冰晶粒子数密度 N、冰水含量 IWC 同

样影响冰云的光散射特性。大量的原位观测数据表明[116]，冰云有效半径 R_{eff} 通常小于 100 μm；冰晶粒子数密度 N 随高度变化而变化，在 $50 \sim 50\,000\,\text{m}^{-3}$ 范围内；冰水含量 IWC 在 $10^{-4} \sim 1\,\text{g/m}^{-3}$ 范围内，并将其定义为[96,118]

$$\text{IWC} = \rho_{\text{ice}}N \cdot V_{\text{tot}} = \rho_{\text{ice}}\sum_{h=1}^{M}\left[\int_0^\infty V_h(D)f_h(D)n(h,D)\text{d}D\right] \tag{6-7}$$

式中，$\sum_{h=1}^{M}f_h(D)=1$。

若假定冰云仅由单一种类的冰晶粒子组成，则可将式（6-7）简化为[119]

$$\text{IWC} = \rho_{\text{ice}}\int_0^\infty V_h(D)n(D)\text{d}D \tag{6-8}$$

同理，也可以对式（6-5）进行类似简化。此外，在冰云大气辐射传输特性模拟中，一般采用冰水路径（Ice Water Path，IWP）来描述冰云的 IWC。结合式（6-6）分析，若 IWC 为常量，则 IWP 与 IWC 之间的关系为[96,99,109]

$$\text{IWP} = \text{IWC} \cdot \Delta z \tag{6-9}$$

式中，Δz 为冰云的几何厚度[120]。

在大气科学中，对大气粒子光散射特性的研究早就成为一个重要的课题。最常见的大气现象就是天空呈蓝色，这是大气分子的瑞利散射导致的[109]。此外，晕和弧等大气现象是由冰云中冰晶粒子的光散射引起的[96]。接下来对冰云中冰晶粒子的光散射特性研究进行概述。

研究人员常采用米氏散射理论对球形液态水滴的光散射特性进行精确求解，相关研究已相当系统和完整，但仍未有一个统一的方法来求解复杂形状冰晶粒子的光散射特性。因此，国内外越来越多的学者致力于研究求解非球形冰晶粒子光散射特性的方法。近年来，对冰晶粒子光散射特性的研究已成为国内外研究的难点和热点。

在 20 世纪 70 年代之前，人们通常把非球形冰晶粒子等效为球形冰晶粒子，用米氏散射理论进行计算。1971 年 Jacobowitz[121]通过几何射线光学（Geometric Ray Optics）法、几何射线追踪法（Geometrical Ray Tracing）得到了无限长六角棱柱冰晶粒子的光强随散射角的变化曲线。

1972 年，Liou[122]提出用圆柱形冰晶粒子对冰云进行建模，计算随机取向单个圆柱形冰晶粒子的散射截面等光散射特性，并结合冰云的尺度谱模型，给出了 4 种波长（0.7 μm、3 μm、3.5 μm、6.05 μm）下冰云的平均相函数等散射特性。1979 年，Wendling 等[123]对几何射线追踪法进行了改进，首次将蒙特卡罗方法与几何射线追踪法相结合，并计算了 0.55 μm 波长下有限长六角棱柱和板状冰晶粒子的光散射特性，与 Jacobowitz 得出的无限长六角棱柱冰晶粒子的光散射特性相比，有很大的差异。

1981 年，Coleman 和 Liou[124]进一步完善了 Wendling 等改进的几何射线追踪法，不但对冰晶粒子的尺度、形状、取向等对冰晶粒子光学特性的影响进行了数值计算，而且对不同波长（0.55 μm 和 10.6 μm）下冰晶粒子的光散射特性进行了比较。从此，对非球形冰晶粒子光散射特性的研究有了较大的进展。

1989 年，Takano 和 Liou[125]使用六角棱柱冰晶粒子对冰云进行建模，采用几何光学法计算了 5 种不同波长（0.55 μm、1.0 μm、1.6 μm、2.2 μm、3.0 μm）下冰云层的平均散射相函数等单次光散射特性，其中以六角棱柱的径长比和吸收系数为变量拟合冰云的单次散射反照率。

1993 年，Macke[126]采用几何光学法计算了空间中随机取向的多面体冰晶粒子的散射相函数，多面体的形状分别为实心棱柱、空心棱柱、方形、子弹玫瑰状等，从而将几何光学法应用到更多不同形状冰晶粒子的光散射特性研究中。

几何光学法仅适用于求解较大粒子的光散射特性，一旦粒子的尺度参数小于 30，此方法就不再适用[127]。为了解决这个问题，1995 年，Yang 和

Liou[128]提出将 FDTD 法应用到冰晶粒子光散射领域中，他们以长圆柱和六角棱柱冰晶粒子为例，将 FDTD 法的计算结果与几何光学法的数值结果进行对比分析，证明了 FDTD 法的正确性。理论上来说，FDTD 法适用于求解任意尺度参数的粒子光散射特性，但在实际应用中，FDTD 法常用于求解尺度参数小于 20 的粒子光散射特性，否则将极大地消耗计算机资源[129]。

1998 年，Wyser 和 Yang[130]计算了不同形状的冰晶粒子服从不同尺度分布（指数分布、伽马分布等）时卷云的平均单次散射特性。研究结果表明，冰晶粒子的形状、尺度谱分布模型对卷云的平均不对称因子的影响较大。

2000 年，Yang 等[131]在总结近 20 年来对冰晶粒子光散射的研究的基础上，建立了可见光到红外波段范围内（0.2～5.0 μm）卷云中常见冰晶粒子的散射特性数据库。该数据库中包括实心棱柱、空心棱柱、六角平板、子弹玫瑰状、聚合物状等形状的冰晶粒子的消光效率、吸收效率和相函数等光学特性。

2001 年，Baran 等[132]采用 T 矩阵法求解随机取向的六角棱柱冰晶粒子的消光效率、吸收效率和不对称因子等光学特性，并比较了三种不同波长（0.66 μm、8.5 μm、12 μm）的光入射时四种不同尺度参数（5、10、15、20）下 T 矩阵法和 FDTD 法数值结果之间的差异，发现两者之间的误差在3%之内。

2003 年，Yang 等[133]采用过冷水滴（Droxtal）冰晶模型对卷云顶部出现的小尺度冰晶粒子进行建模，并结合 FDTD 法比较了尺度参数小于 20 的过冷水滴与球形冰晶粒子光散射特性的差异，发现两者之间的数值结果差异较大。

2005 年，Yang 等[54]将 T 矩阵法、FDTD 法、米氏散射理论和改进几何光学法相结合，建立了卷云中常见的冰晶粒子在中波到远波红外范围内（3～100 μm）的光散射特性数据库。除了实心棱柱、空心棱柱、六角平板等形状的冰晶粒子的光学特征，该数据库中还包括球形、椭球形和过冷水滴冰晶粒子的吸收效率、相函数等光学特性。

2006 年，Chen 等[134]采用 FDTD 法、T 矩阵法分析了 0.55 μm 和 12 μm 波长下粒子的空间取向对六角棱柱、板状、圆柱形冰晶粒子光散射特性的影响。研究结果表明，粒子取向对板状冰晶粒子的相函数影响较大；当圆柱形和六角棱柱冰晶粒子的径长比相同时，12 μm 波长下这两种冰晶粒子的光学特性几乎相同。

2007 年，Baum 等[112]基于 Yang[132]等建立的冰晶粒子光散射数据库，对 5 次实地运动期间测量得到的大量冰云微物理特性数据（冰水含量，1117 种尺度谱模型等）进行拟合和分析，并提出用修正伽马分布描述由过冷水滴、子弹玫瑰状、实心棱柱和空心棱柱、板状、聚合物状冰晶粒子组成的冰云模型，目前该模型被应用在 MODIS 中，以在全球范围内反演冰云的微物理特性和体散射特性，最后给出了 100～3250 cm^{-1} 范围内冰云的平均消光效率、吸收效率和相函数等体散射特性。

2009 年，宫纯文等[135]分别按等表面积、等体积、等体积与投影面积之比这三种方式将圆柱形冰晶粒子等效为球形冰晶粒子，结合 T 矩阵法分析了这三种等效球形冰晶粒子与圆柱形冰晶粒子光散特性的差异。研究结果表明，这三种等效球形冰晶粒子的相函数均与圆柱形冰晶粒子的相函数有较大差异。

2011 年，Iwabuchi 和 Yang[136]计算出了不同温度（160～270 K）下冰晶粒子的光学常量/折射率，并研究了不同温度所对应的折射率对冰晶粒子光散射特性的影响。研究结果表明，不同温度下折射率对可见光与近红外波段冰晶粒子光散射特性的影响可忽略不计，但对中波红外和更大波长范围内的冰晶粒子光散射特性影响较大。因此，在冰云大气条件下的卫星遥感、大气探测等实际工程应用中，有必要考虑冰云内的温度。

2014 年，Bi 和 Yang[137]对嵌入 T 矩阵法进行了改进，并求解了随机取向的实心六角棱柱、空心六角棱柱、子弹玫瑰状等冰晶粒子光散射特性。研究结果表明，与 DDA 法相比，嵌入 T 矩阵法不但能计算尺度参数高达 150 的冰晶粒子光散射特性，而且增强了数值计算的稳定性。

2015 年，Zhou 和 Yang[138]对可见光波段范围内随机取向的六角棱柱冰晶粒子的后向散射峰进行了分析，表明冰晶粒子的后向散射峰与尺度参数成反比。

2016 年，Heinson 等[139]采用 DDA 法和改进的几何光学法计算了卷云中常见的六角棱柱、板状和聚合物状等冰晶粒子的微分散射截面。

2018 年，Kokhanovsky 从卷云的宏观特性、微物理特性（冰晶粒子的形状、尺度、径长比和结构等）、计算冰晶粒子光散射特性的方法、卷云的散射模型等方面做了系统的综述，同时指出了当前研究中存在的不足，并强调了冰云在大气光学、卫星遥感、气候学等方面的重要性。

早期的一些学者对冰云大气辐射特性的研究假定冰云由球形冰晶粒子组成，这样假设有两个方面的原因：无法求解出非球形冰晶粒子的光散射特性和方便辐射传输的数值模拟[140-141]。

1980 年，Stephens[142]在 Liou[122]计算得到的圆柱形冰晶粒子光散射特性的基础上，基于卷云由圆柱形和球形冰晶粒子混合而成的假设，研究了 11 μm 波长下卷云大气的辐射特性。虽然该模型在某些方面解释了卷云的散射和辐射传输特性，但无法解释卷云中出现的晕和弧等大气光学现象。

1989 年，Takano 和 Liou[143]采用六角棱柱冰晶粒子对卷云进行建模，并根据观测到的 4 种典型卷云粒子的尺度谱模型，结合累加原理计算了 0.55 μm 波长下卷云大气的反射辐射与透射辐射，不仅比较了不同卷云模型下大气辐射特性之间的差异，还利用射线追踪技术解释了卷云中的 22°晕等大气光学现象。

1996 年，Fu[144]根据卷云的冰水含量、有效半径对太阳光谱区的冰云辐射传输特性进行了参数化，其中采用 δ 函数来调整卷云的相函数。采用该调整方法可使冰云的光学厚度、不对称因子等均相应地减小，因此，该参数化方法不太适用于计算云天大气的辐射强度。

1997 年，刘春雷和姚克亚[145]分析了卷云冰晶粒子的密度与其尺度的关系，并结合蒙特卡罗方法研究了 0.55 μm 波长下卷云的反射率和透射率。研究结果表明，可忽略冰晶粒子密度的变化对卷云大气反射率和透射率的影响。

2002 年，Ou 等[146]结合逐次散射近似法[147]求解辐射传输方程，分别建立了平面平行和球形大气下 1.315 μm 高能激光通过非均匀卷云的前向与后向传输模型。研究结果表明，随飞机与目标之间传输距离的增大，这两种大气几何条件下目标所接收到的功率之间的差异也增大。因此，在长距离激光传输中，有必要考虑球形大气几何下地球曲率的作用。

2002 年，Key 等[148]以 Yang 等[133]计算得到的单个冰晶粒子散射数据库为基础，结合实地测量得到的 30 种尺度分布特征，对 0.2～5 μm 波长范围内的冰云辐射传输特性进行了参数化。在该冰云参数化模型中，采用了 double HG 相函数来近似拟合卷云的相函数，对冰云相函数的强前向衍射峰进行了截断，同样没有完整地描述冰云的相函数。

2005 年，Mayer 和 Kylling[149]根据 Fu、Key 参数化的冰云模型，采用 libRadtran 辐射传输模式比较了这两种不同冰云的反射辐射强度和透射辐射强度的差异，发现两者之间的差异随冰云光学厚度的增大而增大。

2006 年，李娟和毛节泰[150]采用 Key 等提出的冰云参数化模型，结合 SBDART（Santa Barbara DISORT Atmospheric Radiative Transfer）和 libRadtran 软件分析了冰晶的有效尺度、冰水含量及粒子形状对卷云大气反照率的影响。

2008 年，Barkey 和 Liou[151]将在 0.68 μm、1.617 μm 波长下测得的冰云反射率实验数据与基于累加-倍加法（Adding-Doubling Method）求解得到的数值结果进行对比。结果表明，这两种波长下测得的冰云反射率与理论结果相吻合。

2009 年，赵燕杰等[152]结合 Stamnes 等[153]开发的 DISORT 软件分析了 1.315 μm 波长下卷云大气反射率与卷云的微物理特性、入射天顶角等参数的关系，其采用 Hu 等[154]提出的 δ - Fit 法来截断卷云的相函数。

2012 年，曹亚楠等[155]采用 CART（Combined Atmospheric Radiative Transfer）软件分析了不同云高和地表类型等参数对 0.4～2.5 μm 波长范围内卷云大气反射率的影响。结果表明，在不同波长范围内，不同参数对卷云大气反射率的影响有着显著的差异。

2014 年，王攀等[156]在考虑大气分子吸收、地表反射和热辐射的情况下，结合 DISORT 软件对红外波段范围内卷云的辐射特性进行分析。结果表明，大气模式和地表热辐射对卷云反射率的影响较大。

2015 年，胡斯勒图等[157]基于不同尺度的球形和六角棱柱冰晶粒子的光散射特性数据，结合 STAR（System of Transfer for Atmospheric Radiation）软件，比较了不同形状的冰晶粒子模型对反射辐射、透射辐射的影响。结果表明，冰晶粒子的形状对卷云大气辐射强度的影响较大。

2016 年，Liu 等[158]开发了 PCRTM（Principal Component-based Radiative Transfer Model）用于计算 0.3～2.5 μm 波长范围内冰云的反射与透射特性，并将计算结果与 MODTRAN（MODerate resolution atmospheric TRANsmission）计算的数值结果进行对比。结果表明，两者之间的相对误差通常小于 0～2%。

2017 年，蔡熠等[159]、李姗姗等[160]基于不同工程应用的背景，分别采用 CART、SCIATRAN 软件对不同波长范围内（前者的波长范围为 2.5～3 μm，后者的波长范围为 1.56～1.626 μm）卷云的红外辐射特性进行了分析。结果表明，不同波长范围内的卷云大气辐射强度存在显著的差异。

2018 年，赵凤美等[161]依据卷云大气反射率与观测天顶角、相对方位角、光学厚度等参数的变化关系，建立了卷云大气反射率的快速查找表，并将表中计算出的理论值与 Terra 卫星上的 MODIS 测得的实际值进行比较，得到相关系数达 0.94 的结论。

2019 年，王明军等[162]在总结国内外研究成果的基础上，基于最新 C 语言版本 DISORT 的平面平行模式和伪球面模式，不仅比较了太阳天顶角不同时这两种模式下冰云大气反射率之间的差异，还计算了球形大气条件下三种典型激光波长（0.65 μm、0.85 μm 和 1.55 μm）下冰云大气反射率与云微物理特性、观测角、相对方位角等参数的变化关系。

通过国内外对水云和冰云的光散射与辐射传输特性的研究动态，可总结得出：与仅基于米氏散射理论求解液态水滴的光散射特性相比，尽管国内外学者已花费了大量的精力来研究计算非球形冰晶粒子光学特性的方法，但目前仍没有一种单一的方法能模拟所有尺度范围内冰晶粒子的光散射特性；与仅由球形液态水滴组成的水云光散射模型相比，冰云光散射模型中冰晶粒子的形状由最初的球形、圆柱形逐渐演变为复杂的六角棱柱、板状等；由于目前尚不能确定哪种冰云光散射模型更优，因此仍需努力建立一个统一的冰云光散射模型，以广泛地适用于卫星遥感、天气/气候建模等工程应用；对水云和冰云大气辐射传输的研究基于大气平面平行的假设，未考虑较大太阳天顶角下球形大气几何的影响。随着长距离和大范围的机载设备及星载设备、空间光通信、地基雷达等的广泛应用，将传统的平面平行大气扩展至球形大气是很有必要的。

与单一形状的液态水滴不同，出现在对流层上部和平流层下部的冰云是由各种各样的非球形冰晶粒子组成的。陆基、天基等设备对全球范围内冰云的观测数据表明，非球形冰晶粒子的形状主要有实心柱状、空心柱状、六角板状、子弹玫瑰状、聚合物状等，它们的尺寸量级可以从微米级变化到厘米级，且冰云云顶处的冰晶粒子尺寸较小，而云底处的冰晶粒子尺寸较大。为了便于对每种冰晶粒子进行光散射特性的计算和分析，需要严格地定义冰晶粒子的几何形状和尺度。通常采用横纵比或径长比 α 来定义冰晶粒子的三维几何形状，$\alpha=2a/L$，其中 a 为粒子的半宽长度，L 为粒子的长度。

在单个非球形冰晶粒子光散射特性的计算中，除粒子自身最大尺度 D 之外，还有一个非常重要的物理量，即单个冰晶粒子的有效尺度 d_e。假定非球形冰晶粒子的体积为 V，投影面积为 A，将它们分别等效为具有相同体积、相同投影面积的球形冰晶粒子，其等效直径 d_v、d_a 分别为[115-132]

$$d_v = 2r_v = \sqrt[3]{6V/\pi} \tag{6-10}$$

$$d_a = 2r_a = \sqrt[3]{6A/\pi} \tag{6-11}$$

式中，r_v、r_a 分别为等体积、等投影面积的球形冰晶粒子半径。单个非球形冰晶粒子的有效尺度为

$$d_e = 2r_e = \frac{d_v^2}{d_a^2} = \frac{3V}{2A} \tag{6-12}$$

式中，d_e、r_e 分别为非球形冰晶粒子的有效直径和有效半径。$d_e = 2r_e$ 的物理意义为，在不考虑光在冰晶粒子内部反射和折射的情况下，光子穿过冰晶粒子的有效距离（Effective Distance）。根据对冰云原位观测数据的分析和拟合，将 d_a、d_v 拟合为冰晶粒子自身最大尺度 D 的函数，分别表示为

$$d_a = \exp\left(\sum_{n=0}^{4} a_n \ln^n D\right) \tag{6-13}$$

$$d_v = \exp\left(\sum_{n=0}^{4} b_n \ln^n D\right) \tag{6-14}$$

式中，在对数尺度下采用最小二乘法可拟合得到系数 a_n 和 b_n，它们的值分别总结在表 6-3 和表 6-4 中。结合式（6-7），图 6-4、图 6-5 给出了不同形状冰晶粒子的 d_a 和 d_v 随 D 的变化情况。当 $D > 2000\ \mu m$ 时，不同形状冰晶粒子的 d_a 按大小排序为六角平板>聚合物>4 枝子弹玫瑰>6 枝子弹玫瑰，且实心棱柱与空心棱柱的 d_a 相等，这是因为空心棱柱的空心部分不改变冰晶粒子的投影面积，即拟合参数 a_n 相等。当 D 较小时，不同形状冰晶粒子的 d_a 的大小会发生变化。

表 6-3　等投影面积球直径的拟合系数 a_n

冰晶粒子的形状	d_a				
	a_0	a_1	a_2	a_3	a_4
实心棱柱	0.33401	0.36477	0.30855	-5.5631×10^{-2}	3.0162×10^{-3}
空心棱柱	0.33401	0.36477	0.30855	-5.5631×10^{-2}	3.0162×10^{-3}
六角平板	0.43773	0.75497	1.9033×10^{-2}	3.5191×10^{-4}	-7.0782×10^{-5}
4 枝子弹玫瑰	0.15909	0.84308	7.0161×10^{-3}	-1.1003×10^{-3}	4.5161×10^{-5}
6 枝子弹玫瑰	0.14195	0.84394	7.2125×10^{-3}	-1.1219×10^{-3}	4.5819×10^{-5}
聚合物	-0.47737	1.0026	-1.003×10^{-3}	1.5166×10^{-4}	-7.8433×10^{-6}

表 6-4　等体积球直径的拟合系数 b_n

冰晶粒子的形状	d_v				
	b_0	b_1	b_2	b_3	b_4
实心棱柱	0.30581	0.26252	0.35458	-6.3202×10^{-2}	3.3755×10^{-3}
空心棱柱	0.24568	0.26202	0.35479	-6.3236×10^{-2}	3.3773×10^{-3}
六角平板	0.31228	0.80874	2.9287×10^{-3}	-4.4378×10^{-4}	2.3109×10^{-5}
4 枝子弹玫瑰	-0.09794	0.85683	2.9483×10^{-3}	-1.4341×10^{-3}	7.4627×10^{-5}
6 枝子弹玫瑰	-0.10318	0.86290	7.0665×10^{-4}	-1.1055×10^{-3}	5.7906×10^{-5}
聚合物	-0.70160	0.99215	2.9322×10^{-3}	-4.0492×10^{-4}	1.8841×10^{-5}

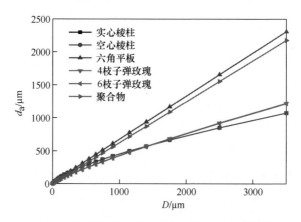

图 6-4　不同形状冰晶粒子的 d_a 随 D 的变化情况

由此可知，当 $1000\,\mu m < D < 2000\,\mu m$ 时，不同形状冰晶粒子的 d_v 按大小排序为聚合物>六角平板>实心棱柱>空心棱柱>6 枝子弹玫瑰>4 枝子弹玫瑰。在其他尺度范围内，不同形状冰晶粒子的 d_v 的大小会发生变化。

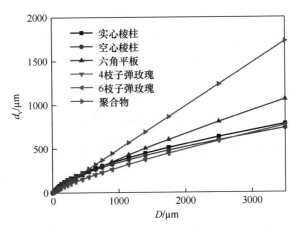

图 6-5　不同形状冰晶粒子的 d_v 随 D 的变化情况

根据式（6-4）并结合图 6-6 可知，随着 D 的变化，不同形状冰晶粒子的有效直径 d_e 也会相应地变化。由图 6-6 可知，在 $D > 1200\,\mu m$ 时，不同形状冰晶粒子的 d_e 按大小排序为聚合物>实心棱柱>空心棱柱>6 枝子弹玫瑰>4 枝子弹玫瑰>六角平板。在 $60\,\mu m < D < 120\,\mu m$ 时，不同形状冰晶子的 d_e 按大小排序为实心棱柱>空心棱柱>六角平板>聚合物>6 枝子弹玫瑰>4 枝子弹玫瑰。随着 D 在其他范围内变化，d_e 的排序也会变化。

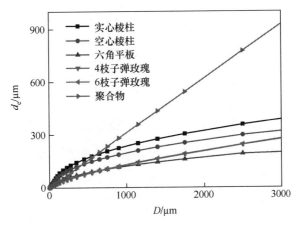

图 6-6　不同形状冰晶粒子的 d_e 随 D 的变化情况

结合图 6-4 至图 6-6 进行分析，图 6-7 总结出了不同形状冰晶粒子的 d_a、d_v 与 d_e 之间的差异。由图 6-7 可知，对于这六种冰晶粒子来说，若采用一般的等投影面积球直径、等体积球直径来表征非球形冰晶粒子的有效尺度，则它们均过高地估算了冰晶粒子的有效尺寸。因此，在非球形冰晶粒子光散射特性模拟中，必须准确地描述冰晶粒子的有效尺寸，否则将不可避免地导致冰晶粒子光散射特性的数值结果存在较大的误差[132]。

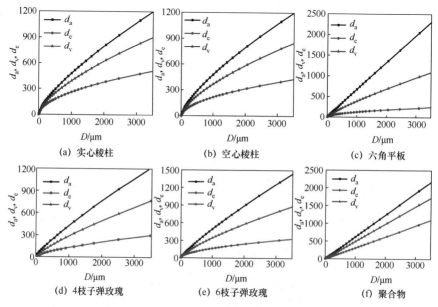

图 6-7　不同形状冰晶粒子的 d_a、d_v 与 d_e 之间的差异

6.1.3　冰云的散射特性

冰云粒子以非球形粒子为主，现在已经开发出了很多算法用来计算非球形模型[45]，如 FDTD 法和几何光学法等，这些算法在时间复杂度、空间复杂度及适用的波长等方面有自己的优点和缺点，因此在计算时应该将多种算法组合使用[46-47,163]。在某些波段，也可以使用一些商业软件进行计算，如高频结构仿真（High Frequence Structure Simulator，HFSS）软件等[58-59]。表 6-5 列出了一些常用非球形粒子散射算法。

表 6-5　一些常用非球形粒子散射算法

算法	适用尺度	粒子形状和结构	优点	缺点	公开的软件
FDTD 法	≤20	任意形状、非均匀粒子	简单，可用于小尺度的任何粒子	只适用于小尺度的粒子	FDTDA、EMA3D、AutoMesh 等
DDA 法	较小粒子	不同形状的粒子，以及组合体和核壳结构	简单，自动满足散射条件，使用的参数少	精度低、收敛慢、重复计算等	DDSCAT
T 矩阵法	<180	均质的对称粒子，以及层状和球集合等	可严格计算共振非球形粒子散射	计算尺度不能太大，不适用于非对称粒子	Ⅱ-TM、EBCM-TM 等
几何光学法	≫1	任意形状、大尺度粒子	波长相同时，尺度越大，精度越高	不适用于小尺度的粒子	
分离变量法（SVM）	<40	长/扁椭球，特别是层状	计算结果精确	尺度和折射指数较大时易出现病态条件	
广义 PMM（GPMM）		简单形状和结构	收敛性清晰，计算结果精确	不能广泛使用，实用性低	·

单个冰晶粒子的光散射特性为后面计算冰云的平均散射特性，以及光在冰云中的辐射传输特性奠定了基础。根据单个冰晶粒子的散射，冰云的平均消光系数、吸收系数、单次散射反照率和相函数定义为

$$\langle \beta_{\text{ext}} \rangle = \frac{\int_{D_{\min}}^{D_{\max}} A(D) Q_{\text{ext}}(D) n(D) \mathrm{d}D}{\rho_{\text{ice}} \int_{D_{\min}}^{D_{\max}} V(D) n(D) \mathrm{d}D} = \frac{\int_{D_{\min}}^{D_{\max}} A(D) Q_{\text{ext}}(D) n(D) \mathrm{d}D}{\text{IWC}} \quad (6\text{-}15)$$

$$\langle \beta_{\text{abs}} \rangle = \frac{\int_{D_{\min}}^{D_{\max}} A(D) Q_{\text{abs}}(D) n(D) \mathrm{d}D}{\rho_{\text{ice}} \int_{D_{\min}}^{D_{\max}} V(D) n(D) \mathrm{d}D} = \frac{\int_{D_{\min}}^{D_{\max}} A(D) Q_{\text{abs}}(D) n(D) \mathrm{d}D}{\text{IWC}} \quad (6\text{-}16)$$

$$\langle \varpi \rangle = \frac{\int_{D_{\min}}^{D_{\max}} A(D) \varpi(D) Q_{\text{ext}}(D) n(D) \mathrm{d}D}{\rho_{\text{ice}} \int_{D_{\min}}^{D_{\max}} A(D) Q_{\text{ext}}(D) n(D) \mathrm{d}D} = 1 - \frac{\langle \beta_{\text{ext}} \rangle}{\langle \beta_{\text{abs}} \rangle} \quad (6\text{-}17)$$

$$\langle P(\Theta) \rangle = \frac{\int_{D_{\min}}^{D_{\max}} A(D)P(D,\Theta)Q_{\text{ext}}(D)n(D)\mathrm{d}D}{\int_{D_{\min}}^{D_{\max}} A(D)\varpi(D)Q_{\text{ext}}(D)n(D)\mathrm{d}D} \tag{6-18}$$

式中，ρ_{ice} 为冰的密度；$A(D)$ 为冰晶粒子的投影面积；$V(D)$ 为冰晶粒子的体积；$Q_{\text{ext}}(D)$ 为冰晶粒子的消光效率因子；$Q_{\text{abs}}(D)$ 为冰晶粒子的吸收效率因子；$P(D,\Theta)$ 为冰晶粒子的相函数；$\varpi(D)$ 为冰晶粒子的单次散射反照率。

6.2 多层云的激光传输与散射特性

云对太阳光的多次散射和吸收起着重要的作用，这对大气中的非绝热加热有重大的影响。云层的垂直结构会改变大气中辐射和潜热率的分布，从而影响大气环流。云层的水平分布决定着某个区域的辐射情况，云层垂直结构的变化则对地球整体的辐射起着重要的作用。对于环流强度，云层的垂直分布比水平分布还要重要。因此，对云层垂直结构的研究具有重要意义，关于云顶和云底的位置、云层的数量与厚度等有大量的观测数据，这为后面的研究提供了方便。

对云层垂直结构的研究所使用的探测方法主要有地面雷达、气象站数据、探空设备及地表观察。激光雷达是最常用的地面探测方法，具有探测距离远、精度高、分辨率高等众多优点。本节研究在双层云和三层云两种情形下激光的传输情况，并根据云层所在的高度来决定其相态；通过数值模拟研究飞机和目标之间的水平距离不同，以及飞机在不同高度时激光的直接传输和一阶散射。

6.2.1 大气中云层的垂直分布

云在同一时刻只分布在某些高度上，而其他高度上没有云，从整体上看，云呈现出层状，层数有单层和多层[75-76]。表 6-6 所示为全球、陆地和海洋平均云垂直高度分布[16]。从全球所有云层的整体统计结果来看，云顶和云底的高度分别为 4.0 km、2.4 km，云层厚度为 1.6 km，而陆地的云层分布要比海洋的云层分布更高，云层更厚。从整体统计结果来看，云层分布都较低，没有高云族，云层主要以水云的形式存在。从全球来看，58%的云是单层的，28%的云是双层的，9%的云是三层的，5%的云是大于三层的，这一结果在陆地和海洋上相差并不大，单层云在陆地和海洋上出现的概率分别为 63%、56%。单层云比双层云和三层云都要厚，多层云中海拔越高的云层厚度越大。

表 6-6　全球、陆地和海洋平均云垂直高度分布

云的结构		地区	云顶高度/km	云底高度/km	厚度/km
所有的云		全球	4.0	2.4	1.6
		陆地	4.7	2.8	1.9
		海洋	3.7	2.3	1.4
单层云		全球	3.9	1.6	2.3
		陆地	5.1	2.3	2.7
		海洋	3.4	1.3	2.1
双层云	下层	全球	1.6	0.8	0.8
		陆地	2.0	1.1	0.9
		海洋	1.4	0.6	0.8
	上层	全球	6.2	4.4	1.8
		陆地	6.9	4.8	2.1
		海洋	5.9	4.2	1.7
三层云	下层	全球	1.1	0.5	0.6
		陆地	1.4	0.8	0.6
		海洋	1.0	0.4	0.6
	中层	全球	3.4	2.7	0.7
		陆地	3.6	2.9	0.7
		海洋	3.3	2.6	0.7
	上层	全球	6.4	5.3	1.1
		陆地	6.7	5.5	1.2
		海洋	6.2	5.2	1.0

6.2.2 双层云激光单程传输应用模型

双层云出现的频率仅次于单层云，达到 25.8%，因此研究双层云具有重要的意义。根据现有的研究结果，双层云中较高的云层出现在温度低、容易形成冰云的高空，而较低的云层多以水云的形式存在。基于此，建立了双层云高空与低空激光单程传输应用模型，其中水云和冰云的高度分别为 4.0～4.8 km、7.0～8.0 km，如图 6-8 所示。

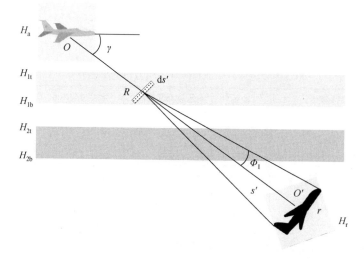

图 6-8　双层云高空与低空激光单程传输应用模型

图 6-9～图 6-11 分别给出了当飞机与目标之间的水平距离为 10 km、50 km 时，飞机在 9 km、6 km、3 km 时的直接传输功率和一阶散射功率随目标高度的变化情况。

图 6-9 给出了飞机在 9 km 时的直接传输功率和一阶散射功率随目标高度的变化情况。当水平距离为 10 km 时，直接传输功率在 0～4 km 和 4.8～7 km 的无云空间中随目标高度增加逐渐减小，而在两层云中都随目标高度增加逐渐增大，因此在云底产生了极小值，而在云顶产生了极大值。与直接传输功率相似，一阶散射功率在接近水云和冰云云顶的高度处出现了极大值，在两

层云之间随目标高度增加逐渐减小。当水平距离为 50 km 时，直接传输功率和一阶散射功率在冰云中部以下高度处都小于 10^{-6} W，这主要是因为水云的液水含量高、平均有效半径小，会对激光产生巨大的衰减。

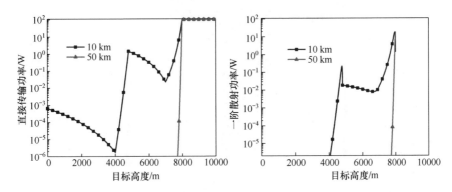

图 6-9　飞机在 9 km 时的直接传输功率和一阶散射功率随目标高度的变化情况

图 6-10 给出了飞机在 6 km 时的直接传输功率和一阶散射功率随目标高度的变化情况。由于此时飞机在两层云之间，因此可以看成飞机在最上层云下和飞机在最下层云上两种情况的组合。这一结论可以在水平距离为 10 km 时结合单层云的结果得到验证。然而由于云层光学厚度很大，因此当水平距离为 50 km 时，直接传输功率在最上层云的中部以上及最下层云的中部以下都很小，一阶散射功率在最上层云的下部及最下层云的上部都有一个峰值。

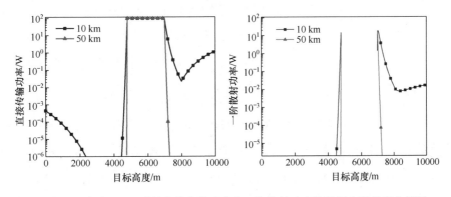

图 6-10　飞机在 6 km 时的直接传输功率和一阶散射功率随目标高度的变化情况

图 6-11 给出了飞机在 3 km 时的直接传输功率和一阶散射功率随目标高

度的变化情况。当水平距离为 10 km 时，直接传输功率在两层云的云顶都取得极小值；当水平距离为 50 km 时，直接传输功率在飞机进入云层之后就被衰减得很小。当水平距离为 10 km 和 50 km 时，一阶散射功率都只在云底产生峰值，这是因为云层光学厚度太大，并且值得注意的是，不同水平距离时两个峰值的大小相同。

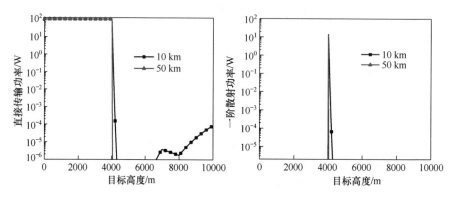

图 6-11　飞机在 3 km 时的直接传输功率和一阶散射功率随目标高度的变化情况

6.2.3　三层云激光单程传输应用模型

建立三层云高空与低空激光单程传输应用模型，如图 6-12 所示，假设由上到下第一层、第二层、第三层云的高度分别为 10～11 km、6.5～7.5 km 和 2～3 km，其他参数与双层云高空与低空激光单程传输应用模型相同。与研究双层云时相同，图 6-13～图 6-15 分别给出了当飞机与目标之间的水平距离为 10 km、50 km 时，飞机在 12 km、9 km、6 km 时的直接传输功率和一阶散射功率随目标高度的变化情况。

图 6-13 给出了飞机在 12 km 时的直接传输功率和一阶散射功率随目标高度的变化情况。当水平距离为 10 km 时，直接传输功率在 2 km、6.5 km 和 10 km 处有极小值，对应于每层云的云底，相反在云顶处都有极大值；一阶散射功率在每层云接近云顶处都有一个峰值，第二个峰值是最大的。当水平距离为 50 km 时，直接传输功率在水云云顶以下被衰减得很小，与双层云时

的情况相同，再往上变化趋势与水平距离为 10 km 时的情况相同；一阶散射功率的变化趋势与水平距离为 10 km 时的情况相同，但是在第一层云上部产生的峰值是最大的。

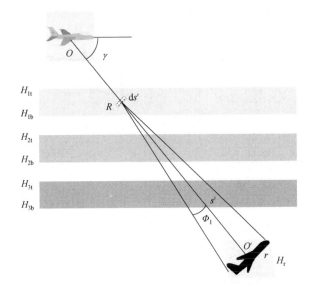

图 6-12　三层云高空与低空激光单程传输应用模型

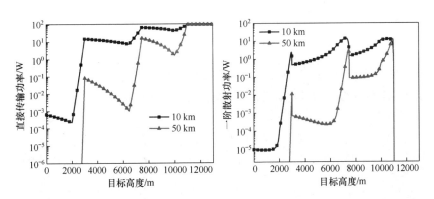

图 6-13　飞机在 12 km 时的直接传输功率和一阶散射功率随目标高度的变化情况

图 6-14 给出了飞机在 9 km 时的直接传输功率和一阶散射功率随目标高度的变化情况。目标在 7.5 km 以上时可以看作单层云高空与低空激光单程传输应用模型中飞机在云下时的情形，同理目标在 10 km 以下时可以看作双层

云高空与低空激光单程传输应用模型中飞机在云上时的情形。在不同水平距离时，一阶散射功率在第一层云底和第二层云顶的峰值各自相同，与双层云高空与低空激光单程传输应用模型中飞机在云中的结果相同。

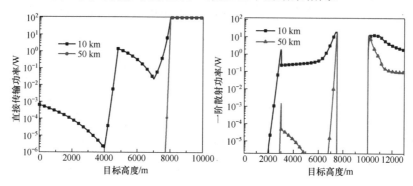

图 6-14　飞机在 9 km 时的直接传输功率和一阶散射功率随目标高度的变化情况

图 6-15 给出了飞机在 6 km 时的直接传输功率和一阶散射功率随目标高度的变化情况。其中目标高度为 0～6.5 km 时可以看作单层云的情形，由于水云光学厚度非常大，直接传输功率随目标高度增加急剧增大，一阶散射功率也在云顶处产生极大值。而目标在 3 km 以上时可以看作双层云高空与低空激光单程传输应用模型中飞机在云下的情形，由于最上层云的光学厚度较小，因此直接传输功率在第二层云上时随目标高度增加而增大。虽然飞机与云的空间关系与图 6-14 中相反，但是由于云层光学厚度不同，因此一阶散射功率随目标高度的变化并不是图 6-14 中一阶散射功率计算结果的反转。

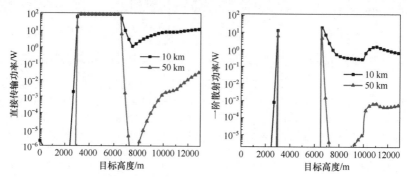

图 6-15　飞机在 6 km 时的直接传输功率和一阶散射功率随目标高度的变化情况

6.3　冰云背景下的激光双程传输应用模型

空间中的目标探测方法主要包括微波雷达探测和激光雷达探测，相较于微波雷达探测，激光雷达探测由于具有精度高、灵活性高和隐蔽性强等众多优点，因此在遥感、测绘和空间目标探测等领域有广泛的应用[161-162,164-165]。

本节建立了卷云背景下机载激光雷达探测角反射器目标的双程传输应用模型，讨论了对于平面平行边界和球形边界卷云，飞机与目标之间水平距离和飞机高度不同时激光雷达的回波功率。

1.　角反射器

角反射器是一种重要的光学器件，主要用于光学定位、激光通信和激光测距等，由三个相互垂直的镜面组成，如图 6-16 所示。角反射器的底面为正三角形，一般对角反射器的底面进行切割或将多个角反射器组合形成一个组合体，以适应实际的工程需要。

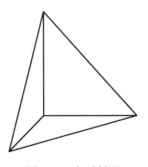

图 6-16　角反射器

2.　角反射器的 LRCS

目标在被激光照射时会发生散射，使激光功率分散在每个方向上，而激光雷达散射截面（Laser Radar Cross Section，LRCS）的物理意义就是激光被目标散射之后的回波信号大小。对于平面波而言，LRCS 被定义为在远场时

散射电场幅度平方与入射电场幅度平方比值的 $4\pi R^2$ 倍。LRCS 可通过方程表示为

$$\sigma = \lim_{R \to \infty} 4\pi R^2 \left| \frac{E_s}{E_i} \right| \qquad (6\text{-}19)$$

式中，E_i、E_s 分别为入射到目标和目标散射光的电场强度的振幅；R 为雷达与目标之间的距离。根据电场强度和光通量密度之间的关系，目标的 LRCS 可改写为

$$\sigma = \lim_{R \to \infty} 4\pi R^2 \frac{\phi_s}{\phi_i} \qquad (6\text{-}20)$$

式中，ϕ_i、ϕ_s 分别为入射到目标和目标散射光的光通量密度。

目标的 LRCS 主要是由目标的表面材料、激光波长、目标表面的粗糙度和目标整体的几何形状等因素共同决定的。

目标的散射功率可以表示为

$$P_s = \rho p_i \qquad (6\text{-}21)$$

式中，ρ 为目标对激光的散射比；p_i 为激光的功率。若已知目标的散射面积为 A，则观测点的散射光的光通量密度可表示为

$$\phi_s = \frac{P_s}{\Omega_s R^2} = \frac{\rho \phi_i A}{\Omega_s R^2} \qquad (6\text{-}22)$$

式中，Ω_s 为激光被反射之后的立体角。将式（6-22）代入式（6-20）可得

$$\sigma = \frac{4\pi \rho A}{\Omega_s} = \frac{16 \rho A}{\theta_s^2} \qquad (6\text{-}23)$$

式中，θ_s 为出射激光的发散角。

首先，在计算角反射器的 LRCS 时应计算其反射面积，而底面边长为 a

的角反射器的底面面积为

$$A_0 = \frac{\sqrt{3}a^2}{4} \qquad (6\text{-}24)$$

当激光垂直入射时，反射面积为其底面面积，而当激光与角反射器底面的夹角为 φ 时，反射面积变为

$$A = \cos\varphi A_0 = \cos\varphi \frac{\sqrt{3}a^2}{4} \qquad (6\text{-}25)$$

其次，角反射器的反射光束的发散角与衍射孔径有关，可以表示为

$$\theta_s = \frac{1.22\lambda}{D} \qquad (6\text{-}26)$$

式中，λ 为激光的波长；D 为衍射孔径。

将式（6-25）和式（6-26）代入式（6-23）可得，角反射器的 LRCS 为

$$\sigma = \frac{4\sqrt{3}a^2 D^2 \rho \cos\varphi}{1.22^2 \lambda^2} \qquad (6\text{-}27)$$

显然，当激光以不同的角度入射到角反射器时衍射孔径不同。当激光垂直入射时，衍射孔径为其底面内切圆直径，反射光的发散角为

$$\theta_s = \frac{1.22\sqrt{3}\lambda}{a} \qquad (6\text{-}28)$$

此时角反射器的 LRCS 为

$$\sigma = \frac{4\rho a^4}{1.22^2 \sqrt{3}\lambda^2} \qquad (6\text{-}29)$$

激光雷达方程不仅可以反映目标对激光的散射能力，还可以体现环境对目标的散射情况。一般的雷达系统主要包括发射和接收两个部分。对于单站激光雷达，发射端发射的激光照射到目标上后被散射，通过接收信道后被接收，由雷达系统对数据进行处理从而获得激光的回波特性。激光传输示意图

如图 6-17 所示。

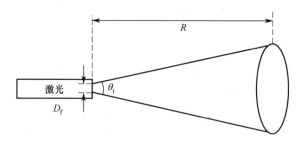

图 6-17　激光传输示意图

激光波束的发散角与激光发射器的孔径关系为

$$\theta_t = \frac{1.02\lambda}{D_f} \tag{6-30}$$

式中，D_f 为激光发射器的孔径。激光在距离为 R 处可以覆盖的面积近似为

$$\text{AREA} \approx \pi\frac{R\theta_t^2}{2} \tag{6-31}$$

若激光发射的功率为 P_t，则单站激光雷达接收到的功率为

$$P_r = \frac{P_t}{\text{AREA}}\sigma\frac{1}{4\pi R^2}A_r \tag{6-32}$$

式中，A_r 为接收系统的孔径面积。考虑系统的效率因子，式（6-32）变为

$$P_r = \frac{P_t\eta_t\eta_r A_r}{\pi\theta_t^2 R^4}\sigma \tag{6-33}$$

式中，η_t、η_r 分别为系统的发射和接收的效率因子。

图 6-18 所示为卷云背景下的激光探测双程传输应用模型。当探测目标为角反射器时，由于角反射器可以将入射光沿原方向反射回去，而被卷云散射的那部分激光会使原来的传输方向发生改变，因此散射光即使照射到角反射器，也不能被雷达接收到。由此可得

$$P_{\mathrm{r}} = \frac{P_{\mathrm{t}}\eta_{\mathrm{t}}\eta_{\mathrm{r}}A_{\mathrm{r}}}{\pi\theta_{\mathrm{t}}^2 R^4}\sigma\exp(-2\tau) \tag{6-34}$$

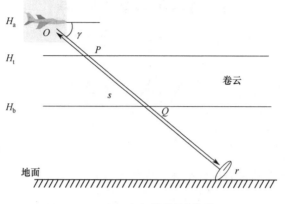

(a) 平面平行边界的情形

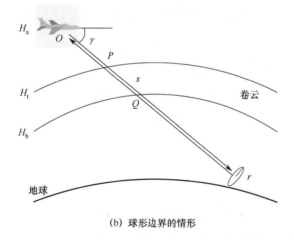

(b) 球形边界的情形

图 6-18　卷云背景下的激光探测双程传输应用模型

激光探测模型中的角反射器目标示意图如图 6-19 所示。角反射器目标是由紧密排列的四面体角反射器组成的，反射面中的每个正三角形都代表一个底面边长为 a 的角反射器。由此可得，整个角反射器目标的 LRCS 为

$$\sigma_{\mathrm{all}} = \frac{\pi r^2}{\sqrt{3}a^2/4} \tag{6-35}$$

式中，r 为角反射器目标的半径。

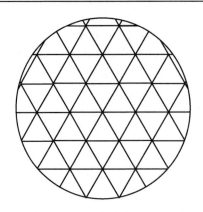

图 6-19　激光探测模型中的角反射器目标示意图

图 6-20 给出了平面平行边界云层的回波功率。图 6-20（a）给出了回波功率随飞机高度的变化情况。水平距离为 10 km 时的回波功率远大于水平距离为 50 km 时的回波功率，同时水平距离为 10 km 时云层对激光回波的影响更小，这是因为水平距离越远，光学厚度越大。当水平距离为 10 km 时，均匀云层和非均匀云层的差距非常小；当水平距离为 50 km 时，飞机在云底出现了突降，非均匀云层对激光的衰减更大。图 6-20（b）给出了飞机在 11 km 时的回波功率随水平距离的变化情况。回波功率随水平距离的增大而减小，并且非均匀云层对激光的衰减更大。

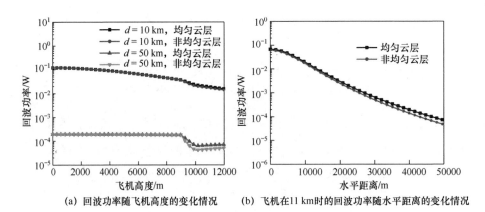

（a）回波功率随飞机高度的变化情况　　（b）飞机在11 km时的回波功率随水平距离的变化情况

图 6-20　平面平行边界云层的回波功率

图 6-21 给出了球形边界云层的回波功率。图 6-21（a）给出了回波功率

随飞机高度的变化情况。当地心角为 0.6° 时，由于目标在地面上，0.35 km 以下的目标不在飞机视野内；当地心角为 1.5° 时，2.2 km 以下的飞机与目标不能直视。地心角为 0.6° 时的回波功率整体上大于地心角为 1.5° 时的回波功率，非均匀云层对激光的衰减更大。图 6-21（b）给出了飞机在 11 km 时的回波功率随地心角的变化情况。均匀云层和非均匀云层的回波功率都随着地心角的增大而增大。

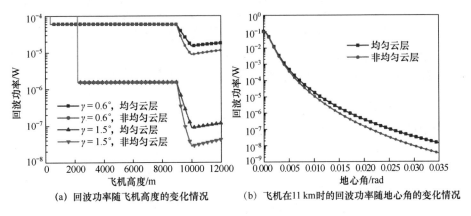

（a）回波功率随飞机高度的变化情况　　　（b）飞机在 11 km 时的回波功率随地心角的变化情况

图 6-21　球形边界云层的回波功率

附录 A 米氏散射理论程序

```
!!
%入射波束波长
lamda=0.6328e-6;
%自由空间波数和特征阻抗
k0=2*pi/lamda;
yita0=377;
%
%作图用
%方位角
fai=0;
xita=(0:0.001*pi:pi).';
%n 的截断数
N=30;
%梯形法求球面积分使用
step1=0.002*pi;
cita=0:step1:pi;lc=length(cita);
cita1=cita.';
juc=diag(step1*[1/2,ones(1,lc-2),1/2]);
yju=ones(lc,1);
step2=0.005*pi;
phai=0:step2:2*pi;
lc1=length(phai);
phai1=phai.';
```

```
juf=diag(step2*[1/2,ones(1,lc1-2),1/2]);

yju1=ones(1,lc1);

scita=repmat(sin(cita),N+1,1);

lju=zeros(lc,lc1);

%介质球相对折射率、波数和特征阻抗

ref=2;

k1=k0*ref;

yita1=yita0/ref;

%球的半径和尺寸参数

r0=1.5*lamda;

sp=k0*r0;

sp1=k1*r0;

%可计算任意波束入射时的情况，此处计算平面波

x=r0*sin(cita1)*cos(phai);y=r0*sin(cita1)*sin(phai);z=r0*cos(cita1)*yju1;

expz=exp(i*k0*z);

Ex=lju;Ey=expz;Ez=lju;

Hx=-expz;Hy=lju;Hz=lju;

%

Ecita=Ex.*(cos(cita1)*cos(phai))+Ey.*(cos(cita1)*sin(phai))-Ez.*(sin(cita1)*yju1);

Efai=-Ex.*(yju*sin(phai))+Ey.*(yju*cos(phai));

Hcita=Hx.*(cos(cita1)*cos(phai))+Hy.*(cos(cita1)*sin(phai))-Hz.*(sin(cita1)*yju1);

Hfai=-Hx.*(yju*sin(phai))+Hy.*(yju*cos(phai));

%

Tm1=0;Tm2=0;

%平面波 m 只需取-1 和 1

for m=-1:2:1

    mm=abs(m)

    if   m==0

        nt=(1:N+1).';

        tao=tao0(cita1,N).';pai=pai0(cita1,N).';

        xtao=tao0(xita,N);xpai=pai0(xita,N);
```

```
else
    nt=(mm:N+mm).';
    tao=mtao(cita1,-m,N).';pai=mpai(cita1,-m,N).';
    xtao=mtao(xita,m,N);xpai=mpai(xita,m,N);
end
yz=1./((-1)^m*2*nt.*(nt+1)./(2*nt+1));
%spherical bessel fuction
yuans1=sqrt(pi/(2*sp1))*besselj(nt+1/2,sp1);
yuans3=sqrt(pi/(2*sp))*besselh(nt+1/2,sp);
%derivative of spherical bessel fuction multiplied and then divided by its argument
zn1=sqrt(pi/(2*sp1))./(2*nt+1).*((nt+1).*besselj(nt-1/2,sp1)-nt.*besselj(nt+3/2,sp1));
zn3=sqrt(pi/(2*sp))./(2*nt+1).*((nt+1).*besselh(nt-1/2,sp)-nt.*besselh(nt+3/2,sp));
%
Cd=yita0/yita1*yuans3.*zn1-yuans1.*zn3;
Dd=yita0/yita1*yuans1.*zn3-yuans3.*zn1;
%
Em=-tao.*scita*juc*Ecita-i*pai.*scita*juc*Efai;
Em=Em*juf*exp(-i*m*phai1);
%
En=i*pai.*scita*juc*Ecita-tao.*scita*juc*Efai;
En=En*juf*exp(-i*m*phai1);
%
Hm=-tao.*scita*juc*Hcita-i*pai.*scita*juc*Hfai;
Hm=Hm*juf*exp(-i*m*phai1);
%
Hn=i*pai.*scita*juc*Hcita-tao.*scita*juc*Hfai;
Hn=Hn*juf*exp(-i*m*phai1);
%
cmn=-(yita0/yita1*zn1.*En+i*yuans1.*Hm).*yz/(2*pi)./Cd;
dmn=(yita0/yita1*yuans1.*Em+i*zn1.*Hn).*yz/(2*pi)./Dd;
%
```

```
cmn=(-i).^nt.*cmn;dmn=(-i).^nt.*dmn;
%
dstheta=exp(i*m*fai)*(xpai*cmn+xtao*dmn);
dsfai=exp(i*m*fai)*i*(xtao*cmn+xpai*dmn);
Tm1=Tm1+dstheta;
Tm2=Tm2+dsfai;
end
Tm=abs(Tm1).^2+abs(Tm2).^2;
plot(xita/pi*180,log10(Tm));
```

以下是计算 $\pi_{mn} = m\dfrac{P_n^m(\cos\theta)}{\sin\theta}$ 的子程序。

```
function y=mpai(theta,m,N)
mm=abs(m);
if m==0
    y=zeros(size(theta));
elseif m>0
    y=m*sin(theta).^(m-1)/2^m*prod(1:2*m)/prod(1:m);
else
    y=(-1)*(-1)^mm/prod(1:2*mm)*mm*sin(theta).^(mm-1)/2^mm*prod
(1:2*mm)/prod(1:mm);
    end
for n=mm+1:mm+N
    y1=0;
    for   k=0:fix((n-mm)/2);
        y1=y1+(-1)^k/(prod(1:k)*prod(1:n-k))*prod(1:2*n-2*k)/prod(1:n-mm-2*k)*
cos(theta).^(n-mm-2*k);
    end
    If   m==0
        mpai1=zeros(size(theta));
    elseif   m>0
        mpai1=m*y1.*sin(theta).^(m-1)/2^n;
```

```
        else
            mpai1=(-1)*(-1)^mm*prod(1:n-mm)/prod(1:n+mm)*mm*y1.*sin(theta).^(mm-
1)/2^n;
        end
        y=[y,mpai1];
    end
    ！！
    function y=pai0(theta,N)
    le=length(theta);
    y=zeros(le,N+1);
```

以下是计算 $\tau_{mn} = \dfrac{\mathrm{d}P_n^m(\cos\theta)}{\mathrm{d}\theta}$ 的子程序。

```
    function y=mtao(theta,m,N)
    mm=abs(m);
    if m==0
        y=zeros(size(theta));;
    elseif m>0
        y=m*cos(theta).*sin(theta).^(m-1)/2^m*prod(1:2*m)/prod(1:m);
    else
        y=(-1)^mm/prod(1:2*mm)*mm*cos(theta).*sin(theta).^(mm-1)/
2^mm*prod(1:2*mm)/prod(1:mm);
    end
    for n=mm+1:mm+N
        y1=0;y2=0;
        for k=0:fix((n-mm)/2);
            y1=y1+(-1)^k/(prod(1:k)*prod(1:n-k))*prod(1:2*n-2*k)/prod(1:n-mm-2*k)*cos
(theta).^(n-mm-2*k);
        end
        for k=0:fix((n-mm-1)/2);
            y2=y2+(-1)^k/(prod(1:k)*prod(1:n-k))*prod(1:2*n-2*k)/prod(1:n-mm-2*k-1)*cos
(theta).^(n-mm-2*k-1);
```

```
    end
    if m==0
        mtao1=zeros(size(theta))-y2.*sin(theta)/2^n;
    elseif m>0
        mtao1=m*y1.*cos(theta).*sin(theta).^(m-1)/2^n-y2.*sin (theta).^(m+1)/2^n;
    else
        mtao1=(-1)^mm*prod(1:n-mm)/prod(1:n+mm)*(mm*y1.*cos(theta).*sin(theta).^
(mm-1)/2^n-y2.*sin(theta).^(mm+1)/2^n);
    end
    y=[y,mtao1];
end
function y=tao0(theta,N)
y=-sin(theta);
for n=2:N+1
    y1=0;
    for   k=0:fix((n-1)/2)
        y1=y1+(-1)^k/(prod(1:k)*prod(1:n-k))*prod(1:2*n-2*k)/prod(1:n-2*k-1)*cos
(theta).^(n-2*k-1);
    end
    y=[y,-sin(theta)/2^n.*y1];
end
```

附录 B 椭球形粒子平面波散射运算程序

```
lamda=0.6328e-6;
k0=2*pi/lamda;
yita0=377;
%作图用
fai=0;
xita=(0:0.001*pi:pi).';
%
N=25;
%
step1=0.002*pi;
cita=0:step1:pi;lc=length(cita);
cita1=cita.';
juc=diag(step1*[1/2,ones(1,lc-2),1/2]);
yju=ones(lc,1);
step2=0.005*pi;
phai=0:step2:2*pi;
lc1=length(phai);
phai1=phai.';
juf=diag(step2*[1/2,ones(1,lc1-2),1/2]);
yju1=ones(1,lc1);
lju=zeros(lc,lc1);
%介质椭球参数
ref=2;
```

```
yita1=yita0/ref;
k1=k0*ref;
%
a=3*pi/(2*pi)*lamda;
bili=2;
b=a/bili;
r=a*b./sqrt(b^2*cos(cita).^2+a^2*sin(cita).^2);
rinv=r.';
pr=a*b*(b^2-a^2)*sin(cita).*cos(cita)./(b^2*cos(cita).^2+a^2* sin(cita).^2).^(3/2);
rcita=repmat(r,N+1,1);
prcita=repmat(pr,N+1,1);
scita=repmat(sin(cita),N+1,1);
%可计算任意波束入射时的参数，此处为平面波入射
ksai=pi/3; %入射角
x=rinv.*sin(cita1)*cos(phai);y=rinv.*sin(cita1)*sin(phai);z=rinv.*cos(cita1)*yju1;
%
Ex=lju;Ey=exp(i*k0*(x*sin(ksai)+z*cos(ksai)));Ez=lju;
Hx=-cos(ksai)*exp(i*k0*(x*sin(ksai)+z*cos(ksai)));Hy=lju;
Hz=sin(ksai)*exp(i*k0*(x*sin(ksai)+z*cos(ksai)));
%
Er=Ex.*(sin(cita1)*cos(phai))+Ey.*(sin(cita1)*sin(phai))+Ez.*(cos(cita1)*yju1);
Ecita=Ex.*(cos(cita1)*cos(phai))+Ey.*(cos(cita1)*sin(phai))-Ez.*(sin(cita1)*yju1);
Efai=-Ex.*(yju*sin(phai))+Ey.*(yju*cos(phai));
Hr=Hx.*(sin(cita1)*cos(phai))+Hy.*(sin(cita1)*sin(phai))+Hz.*(cos(cita1)*yju1);
Hcita=Hx.*(cos(cita1)*cos(phai))+Hy.*(cos(cita1)*sin(phai))-Hz.*(sin(cita1)*yju1);
Hfai=-Hx.*(yju*sin(phai))+Hy.*(yju*cos(phai));
%
Tm1=0;Tm2=0;
%m 从-10 到 10
for m=-10:10
    mm=abs(m);
    if m==0
```

```
        nn=1:N+1;

        nt=nn';

        n1=repmat(nt,1,lc);

        n2=repmat(nn,lc,1);

        Nlerd=lerd0(cita1,N);Npai=pai0(cita1,N);Ntao=tao0(cita1,N);

        Plerd=Nlerd;Ppai=Npai;Ptao=Ntao;

        xpai=pai0(xita,N);xtao=tao0(xita,N);

    else

        nn=mm:mm+N;

        nt=nn';

        n1=repmat(nt,1,lc);

        n2=repmat(nn,lc,1);

        Nlerd=mlerd(cita1,-m,N);Npai=mpai(cita1,-m,N);Ntao=mtao (cita1,-m,N);

        Plerd=mlerd(cita1,m,N);Ppai=mpai(cita1,m,N);Ptao=mtao (cita1,m,N);

        xpai=mpai(xita,m,N);xtao=mtao(xita,m,N);

    end

    %spherical bessel fuction

    yuans1=sqrt(pi./(2*k0*rcita)).*bs1(nn+1/2,k0*rinv).';

    %spherical bessel fuction divided by its argument

    yuans2=sqrt(pi./(2*k0*rcita))./(2*n1+1).*(bs1(nn-1/2,k0* rinv)+bs1(nn+3/2,k0*rinv)).';

    %derivative of spherical bessel fuction multiplied and then divided by its argument

    yuans3=sqrt(pi./(2*k0*rcita))./(2*n1+1).*((n1+1).*bs1(nn-1/2,k0*rinv).'-
        n1.*bs1(nn+3/2,k0*rinv).');

    %

    yuans4=sqrt(pi./(2*k0*rcita)).*bs3(nn+1/2,k0*rinv).';

    yuans5=sqrt(pi./(2*k0*rcita))./(2*n1+1).*(bs3(nn-1/2,k0* rinv)+bs3(nn+3/2,k0*rinv)).';

    yuans6=sqrt(pi./(2*k0*rcita))./(2*n1+1).*((n1+1).*bs3(nn-1/2,k0*rinv).'-
        n1.*bs3(nn+3/2,k0*rinv).');

    %

    yuansw1=sqrt(pi./(2*k1*rcita)).*bs1(nn+1/2,k1*rinv).';

    yuansw2=sqrt(pi./(2*k1*rcita))./(2*n1+1).*(bs1(nn-1/2,k1*rinv)+bs1(nn+3/2,k1*rinv)).';
```

```
yuansw3=sqrt(pi./(2*k1*rcita))./(2*n1+1).*((n1+1).*bs1(nn-1/2,k1*rinv).'-
    n1.*bs1(nn+3/2,k1*rinv).');
%%%%%%%%%%%%%%%
U=i*(yuans1.*rcita.^2.*scita*(-
1).*Npai.'*juc*(yuans4.'.*Ptao)+yuans1.*rcita.^2.*scita.*Ntao.'*juc*(yuans4.'.*Ppai));
V=yuans1.*rcita.^2.*scita*(-
1).*Npai.'*juc*(yuans6.'.*Ppai)+yuans1.*rcita.^2.*scita.*Ntao.'*juc*(yuans6.'.*Ptao)...
    +yuans1.*rcita.*prcita.*scita.*Ntao.'*juc*(yuans5.'.*n2.*(n2+1).*Plerd);
K=yuans3.*rcita.^2.*scita.*Npai.'*juc*(yuans4.'.*Ppai)-
yuans3.*rcita.^2.*scita.*Ntao.'*juc*(yuans4.'.*Ptao)...
    -yuans2.*rcita.*prcita.*scita.*n1.*(n1+1).*Nlerd.'*juc*(yuans4.'.*Ptao);
L=i* (yuans2.*rcita.*prcita.*scita.*n1.*(n1+1).*Nlerd.'*juc*(yuans6.'.*Ppai)+yuans3.*rcita.*prcita
.*scita.*Nlerd.'*juc*(yuans5.'.*n2.*(n2+1)...
    .*Ppai)+yuans3.*rcita.^2.*scita.*Ntao.'*juc*(yuans6.'.*Ppai)-
yuans3.*rcita.^2.*scita.*Npai.'*juc*(yuans6.'.*Ptao));
%%%%%%
UW=i*(yuans1.*rcita.^2.*scita*(-
1).*Npai.'*juc*(yuansw1.'.*Ptao)+yuans1.*rcita.^2.*scita.*Ntao.'*juc*(yuansw1.'.*Ppai));
VW=yuans1.*rcita.^2.*scita*(-
1).*Npai.'*juc*(yuansw3.'.*Ppai)+yuans1.*rcita.^2.*scita.*Ntao.'*juc*(yuansw3.'.*Ptao)...
    +yuans1.*rcita.*prcita.*scita.*Ntao.'*juc*(yuansw2.'.*n2.*(n2+1).*Plerd);
KW=yuans3.*rcita.^2.*scita.*Npai.'*juc*(yuansw1.'. *Ppai)-
        yuans3.*rcita.^2.*scita.*Ntao.'*juc*(yuansw1.'.*Ptao)...
        -yuans2.*rcita.*prcita.*scita.*n1.*(n1+1).*Nlerd.'*juc* (yuansw1.'.*Ptao);
LW=i*(yuans2.*rcita.*prcita.*scita.*n1.*(n1+1).*Nlerd.'*juc*(yuansw3.'.*Ppai)+yuans3.*rcita.*p
rcita.*scita.*Nlerd.'*juc*(yuansw2.'.*n2.*(n2+1)...
        .*Ppai)+yuans3.*rcita.^2.*scita.*Ntao.'*juc*(yuansw3.'.*Ppai)-
yuans3.*rcita.^2.*scita.*Npai.'*juc*(yuansw3.'.*Ptao));
%%%%%%
ME=i*yuans1.*Npai.'.*scita.*rcita.^2*juc*Efai+yuans1.*Ntao.'.*scita.*rcita.*prcita*juc*Er+yuan
s1.*Ntao.'.*scita.*rcita.^2*juc*Ecita;
```

```
        ME=ME*juf*(exp(-i*m*phai1))/(2*pi);
    %
  NE=yuans2.*n1.*(n1+1).*Nlerd.'.*scita.*rcita.*prcita*juc*Efai+yuans3.*Ntao.'.*scita.*rcita
      .^2*juc*Efai-i*yuans3.*Npai.'.*scita.*rcita.*prcita*juc*Er-
      i*yuans3.*Npai.'.*scita.*rcita.^2*juc*Ecita;
   NE=NE*juf*(exp(-i*m*phai1))/(2*pi);
    %
  MH=i*yuans1.*Npai.'.*scita.*rcita.^2*juc*Hfai+yuans1.*Ntao.'.*scita.*rcita.*prcita*juc*Hr
      +yuans1.*Ntao.'.*scita.*rcita.^2*juc*Hcita;
  MH=MH*juf*(exp(-i*m*phai1))/(2*pi);
    %
  NH=yuans2.*n1.*(n1+1).*Nlerd.'.*scita.*rcita.*prcita*juc*Hfai+yuans3.*Ntao'.*scita.*rcita
      .^2*juc*Hfai -i*yuans3.*Npai.'.*scita. *rcita.*prcita*juc*Hr-
     i*yuans3.*Npai.'.*scita.*rcita.^2*juc*Hcita;
   NH=NH*juf*(exp(-i*m*phai1))/(2*pi);
    %
  XX=[U,V,-UW,-VW;K,L,-KW,-LW;V,U,-yita0/yita1*VW,-yita0/yita1*UW;L,K,
     -yita0/yita1*LW,-yita0/yita1*KW];
  YY=[-ME;-NE;-i*MH;-i*NH];
     x=XX\YY;
     alpmn=(-i).^nt.*x(1:N+1);
     betmn=(-i).^nt.*x(N+2:2*N+2);
     dstheta=exp(i*m*fai)*(xpai*alpmn+xtao*betmn);
     dsfai=exp(i*m*fai)*i*(xtao*alpmn+xpai*betmn);
     Tm1=Tm1+dstheta;
     Tm2=Tm2+dsfai;
  end
  Tm=abs(Tm1).^2+abs(Tm2).^2;
  plot(xita/pi*180,log10(Tm));
```

下面是用到的一些子程序。

子程序 1：

```
function z=bs1(x,y)
L=length(x);
for i=1:L
    xi=x(i);
    z(:,i)=besselj(xi,y);
end
```

子程序 2：

```
function z=bs3(x,y)
L=length(x);
for i=1:L
    xi=x(i);
    z(:,i)=besselh(xi,y);
end
```

子程序 3：

```
function y=lerd0(theta,N)
y=cos(theta);
for n=2:N+1
    y1=0;
    for k=0:fix(n/2)
        y1=y1+(-1)^k/(prod(1:k)*prod(1:n-k))*prod(1:2*n-2*k)/prod(1:n-
        2*k)*cos(theta).^(n-2*k);
    end
    y=[y,y1/2^n];
end
```

子程序 4：

```
function y=mlerd(theta,m,N)
mm=abs(m);
y=sin(theta).^mm/2^mm*prod(1:2*mm)/prod(1:mm);
```

```
        if m>=0
            y=y;
        else
            y=(-1)^mm/prod(1:2*mm)*y;
        end
    for n=mm+1:mm+N
            y1=0;
            for k=0:fix((n-mm)/2);
                y1=y1+(-1)^k/(prod(1:k)*prod(1:n-k))*prod(1:2*n-2*k)/prod(1:n-mm-
                2*k)*cos(theta).^(n-mm-2*k);
            end
            y1=y1.*sin(theta).^mm/2^n;
            if m>=0
                y1=y1;
            else
                y1=(-1)^mm*prod(1:n-mm)/prod(1:n+mm)*y1;
            end
            y=[y,y1];
    end
```

子程序 5：

```
    function y=mpai(theta,m,N)
    mm=abs(m);
    if m==0
        y=zeros(size(theta));
    elseif m>0
        y=m*sin(theta).^(m-1)/2^m*prod(1:2*m)/prod(1:m);
    else
        y=(-1)*(-1)^mm/prod(1:2*mm)*mm*sin(theta).^(mm-
            1)/2^mm*prod(1:2*mm)/prod(1:mm);
    end
    for n=mm+1:mm+N
        y1=0;
```

```
    for k=0:fix((n-mm)/2);
        y1=y1+(-1)^k/(prod(1:k)*prod(1:n-k))*prod(1:2*n-2*k)/prod(1:n-mm-
        2*k)*cos(theta).^(n-mm-2*k);
    end
    if m==0
        mpai1=zeros(size(theta));
    elseif m>0
        mpai1=m*y1.*sin(theta).^(m-1)/2^n;
    else
        mpai1=(-1)*(-1)^mm*prod(1:n-mm)/prod(1:n+mm)*mm*y1.*sin    (theta).^(mm-
1)/2^n;
    end
    y=[y,mpai1];
end
```

子程序 6:

```
function y=mtao(theta,m,N)
mm=abs(m);
if m==0
    y=zeros(size(theta));;
elseif m>0
    y=m*cos(theta).*sin(theta).^(m-1)/2^m*prod(1:2*m)/prod(1:m);
else
    y=(-1)^mm/prod(1:2*mm)*mm*cos(theta).*sin(theta).^(mm-
    1)/2^mm*prod(1:2*mm)/prod(1:mm);
end
for n=mm+1:mm+N
    y1=0;y2=0;
    for k=0:fix((n-mm)/2);
        y1=y1+(-1)^k/(prod(1:k)*prod(1:n-k))*prod(1:2*n-2*k)/prod(1:n-mm-
        2*k)*cos(theta).^(n-mm-2*k);
    end
```

```
    for k=0:fix((n-mm-1)/2);
        y2=y2+(-1)^k/(prod(1:k)*prod(1:n-k))*prod(1:2*n-2*k)/prod(1:n-mm-2*k-
        1)*cos(theta).^(n-mm-2*k-1);
    end
    if m==0
        mtao1=zeros(size(theta))-y2.*sin(theta)/2^n;
    elseif m>0
        mtao1=m*y1.*cos(theta).*sin(theta).^(m-1)/2^n-y2.*sin (theta).^(m+1)/2^n;
    else
        mtao1=(-1)^mm*prod(1:n-
            mm)/prod(1:n+mm)*(mm*y1.*cos(theta).*sin(theta).^(mm-1)/2^n-
            y2.*sin(theta).^(mm+1)/2^n);
    end
    y=[y,mtao1];
end
```

子程序 7：

```
function y=pai0(theta,N)
le=length(theta);
y=zeros(le,N+1);
```

子程序 8：

```
function y=tao0(theta,N)
y=-sin(theta);
for n=2:N+1
    y1=0;
    for k=0:fix((n-1)/2)
        y1=y1+(-1)^k/(prod(1:k)*prod(1:n-k))*prod(1:2*n-2*k)/prod(1:n-2*k-
        1)*cos(theta).^(n-2*k-1);
    end
    y=[y,-sin(theta)/2^n.*y1];
end
```

附录 C 圆柱形粒子平面波散射运算程序

```
clear all
%平面波波长和波数
bochang=0.6328e-6;
k0=2*pi/bochang;
yita0=377;%自由空间特征阻抗
%圆柱参数
r0=5*bochang;%半径
ref=1.41;%相对折射率
yita1=yita0/ref;%圆柱介质特征阻抗
%平面波入射角度
ksai=pi/3;
%
zeta=k0*sin(ksai)*r0;
zeta1=k0*sqrt(ref^2-cos(ksai)^2)*r0;
%
js=45;%m 的截断数
ms=-js:js;
%
stepfai=0.001*pi;
fai=(0:stepfai:2*pi).';%方位角 φ 的取值
%
am=zeros(2*js+1,1);bm=am;
```

```
m1=1;
for m=-js:js
    a11=zeta/2*(besselh(m-1,zeta)-besselh(m+1,zeta));
    a12=m*cos(ksai)*besselh(m,zeta);
    a13=-zeta1/2*(besselj(m-1,zeta1)-besselj(m+1,zeta1));
    a14=-m*cos(ksai)/ref*besselj(m,zeta1);
    a21=0;a22=zeta^2*besselh(m,zeta);a23=0;a24=-zeta1^2/ref* besselj(m,zeta1);
    a31=a12;a32=a11;a33=yita0/yita1*a14;a34=yita0/yita1*a13;
    a41=a22;a42=0;a43=yita0/yita1*a24;a44=0;
    b1=-zeta/2*(besselj(m-1,zeta)-besselj(m+1,zeta));
    b2=0;
    b3=-m*cos(ksai)*besselj(m,zeta);
    b4=-zeta^2*besselj(m,zeta);
    a=[a11,a12,a13,a14;a21,a22,a23,a24;a31,a32,a33,a34;a41,a42, a43,a44];
    b=[b1;b2;b3;b4];
    x=a\b;
    am(m1)=x(1);
    bm(m1)=x(2);
    %
    m1=m1+1;
end
siga=exp(i*fai*ms)*am;
sigb=exp(i*fai*ms)*bm;
%相对于φ的归一化的微分散射宽度
sig=abs(siga).^2+abs(sigb).^2;
plot(fai/pi*180,sig);
```

参 考 文 献

[1] LORENZ L V. Upon the light reflected and refracted by a transparent sphere[J]. Vidensk Selsk Skrifter, 1890, 6: 1-62.

[2] MIE G. Beiträge zur Optik trüber Medien, speziell kolloidaler Metallösungen[J]. Annalen der Physik, 1908, 330（3）: 377-445.

[3] DEBYE P. Das elektromagnetische Feld um einen Zylinder und die Theorie des Regenbogens[J]. Physiological Zoology, 1908, 9: 775-778.

[4] BRILLOUIN L. The scattering cross section of spheres for electromagnetic waves[J]. Journal of Applied Physics, 1949, 20（11）: 1110-1125.

[5] INADA H, PLONUS M. The geometric optics contribution to the scattering from a large dense dielectric sphere[J]. IEEE Transactions on Antennas & Propagation, 1970, 18（1）: 89-99.

[6] ADEN A L, KERKER M. Scattering of electromagnetic waves from two concentric spheres[J]. Journal of Applied Physics, 1951, 22（10）: 1242-1246.

[7] KERKER M. The scattering of light and other electromagnetic radiation[M]. New York: Academic Press, 1969.

[8] ALBINI F A. Scattering of a Plane Wave by an Inhomogeneous Sphere under the Born Approximation[J]. Journal of Applied Physics, 1962, 33（10）: 3032-3036.

[9] STEIN R S, WILSON P R, STIDHAM S N. Scattering of Light by Heterogeneous Spheres[J]. Journal of Applied Physics, 1963, 34（1）: 46-50.

[10] RICHMOND J. Scattering by a ferrite-coated conducting sphere[J]. IEEE Transactions on Antennas & Propagation, 1987, 35（1）: 73-79.

[11] WU Z S, WANG Y P. Electromagnetic scattering for multilayered sphere: Recursive

algorithms[J]. Radio Science，1991，26（6）：1393-1401.

[12] JOHNSON B R. Light scattering by a multilayer sphere[J]. Applied Optics，1996，35（18）：3286-3296.

[13] SUN W，LOEB N G，FU Q. Light scattering by coated sphere immersed in absorbing medium：a comparison between the FDTD and analytic solutions[J]. Journal of Quantitative Spectroscopy & Radiative Transfer，2004，83（3-4）：483-492.

[14] HOVENAC E A，LOCK J A. Assessing the contributions of surface waves and complex rays to far-field Mie scattering by use of the Debye series[J]. Journal of the Optical Society of America A，1992，9（5）：781-795.

[15] LOCK J A，JAMISON J M，LIN C Y. Rainbow scattering by a coated sphere[J]. Applied Optics，1994，33（21）：4677-4690.

[16] 吴成明，吴振森，肖景明. 双层介质球波散射的近似计算[J]. 西安电子科技大学学报，1994，14（3）：308-314.

[17] 施丽娟，韩香娥，李仁先. 多层球对高斯波束散射的德拜级数研究[J]. 光学学报，2007，27（8）：1513-1518.

[18] MORITA N，TANAKA T，YAMASAKI T，et al. Scattering of a beam wave by a spherical object[J]. IEEE Transactions on Antennas & Propagation，1968，16（6）：724-727.

[19] DAVIS L W. Theory of electromagnetic beams[J]. Physical Review A，1979，19（3）：1177-1179.

[20] GOUESBET G，MAHEU B，GREHAN G. Light scattering from a sphere arbitrarily located in a Gaussian beam，using a Bromwich formulation[J]. Journal of the Optical Society of America A，1988，5（9）：1427-1443.

[21] KHALED E E M，HILL S C，BARBER P W. Scattered and internal intensity of a sphere illuminated with a Gaussian beam[J]. IEEE Transactions on Antennas & Propagation，1993，41（3）：295-303.

[22] DOICU A，WRIEDT T. Plane wave spectrum of electromagnetic beams[J]. Optics Communications，1997，136（1-2）：114-124.

[23] DOICU A，WRIEDT T. Computation of the beam-shape coefficients in the generalized Lorenz-Mie theory by using the translational addition theorem for spherical vector wave functions[J]. Applied Optics，1997，36（13）：2971-2973.

[24] van de HULST H C. Light Scattering by Small Particles[M]. New York: Dover Publications, 1957.

[25] TOON O B, MIAKE-LYE R C. Subsonic aircraft: Contrail and cloud effects special study (SUCCESS) [J]. Geophysical Research Letters, 1998, 25 (8): 1109-1112.

[26] BOHREN C F, HUFFMAN D R. Absorption and Scattering of Light by Small Particles[M]. Weinheim: Wiley-VCH, 1983.

[27] BRUNING J H, LO Y T. Multiple scattering of EM waves by spheres part I--Multipole expansion and ray-optical solutions[J]. IEEE Transactions on Antennas & Propagation, 1971, 19 (3): 378-390.

[28] BRUNING J H, LO Y T. Multiple scattering of EM waves by spheres part II--Numerical and experimental results[J]. IEEE Transactions on Antennas & Propagation, 2003, 51 (3): 391-400.

[29] 吴振森, 王一平. 多层球电磁散射的一种新算法[J]. 电子科学学刊, 1993, 15 (2): 174-180.

[30] KHALED E E M, HILL S C, BARBER P W. Light scattering by a coated sphere illuminated with a Gaussian beam[J]. Applied Optics, 1994, 33 (15): 3308-3314.

[31] BARTON J P. Electromagnetic-field calculations for a sphere illuminated by a higher-order Gaussian beam. I. Internal and near-field effects[J]. Applied Optics, 1997, 36 (6): 1303-1311.

[32] BARTON J P. Electromagnetic field calculations for a sphere illuminated by a higher-order Gaussian beam. II. Far-field scattering[J]. Applied Optics, 1998, 37 (15): 3339-3344.

[33] RAYLEIGH L. On the electromagnetic theory of light[J]. Philosophical Magazine, 1881, 12 (73): 81-101.

[34] WAIT J R. Scattering of a plane wave from a circular dielectric cylinder at oblique incidence[J]. Canadian Journal of Physics, 1955, 33 (5): 189-195.

[35] KAI L, ALESSIO A D. Finely stratified cylinder model for radially inhomogeneous cylinders normally irradiated by electromagnetic plane wave[J]. Applied Optics, 1995, 34 (24): 5520-5530.

[36] ALEXOPOULOS N, PARK P. Scattering of waves with normal amplitude distribution from

cylinders[J]. IEEE Transactions on Antennas & Propagation，1972，20（2）：216-217.

[37] GOUESBET G，GREHAN G. Interaction between a Gaussian beam and an infinite cylinder with the use of non-E-separable potentials[J]. Journal of the Optical Society of America A，1994，11（12）：3261-3273.

[38] REN K F，GREHAN G，GOUESBET G. Scattering of a Gaussian beam by an infinite cylinder in the framework of generalized Lorenz-Mie theory formulation and numerical results[J]. Journal of the Optical Society of America A，1997，14（11）：3014-3025.

[39] SCHULZ F M，STAMNES K，STAMNES J J. Scattering of electromagnetic wave by spheroidal particles：a novel approach exploiting the T matrix computed in spheroidal coordinates[J]. Applied Optics，1998，37（33）：7875-7896.

[40] ASANO S，YAMAMOTO G. Light scattering by a spheroid particle[J]. Applied Optics，1975，14（1）：29-49.

[41] ASANO S. Light scattering properties of spheroidal particles[J]. Applied Optics，1979，18（21）：4010-4019.

[42] 韩一平，吴振森. 椭球粒子电磁散射的边界条件的讨论[J]. 物理学报，2000，49（1）：57-60.

[43] HAN Y P，WU Z S. The expansion coefficients of a spheroidal particle illuminated by Gaussian beam[J]. IEEE Transactions on Antennas & Propagation，2001，49（1）：615-620.

[44] BARTON J P. Internal and near-surface electromagnetic fields for a spheroidal particle with arbitrary illumination[J]. Applied Optics，1995，34（21）：5542-5551.

[45] BARTON J P. Internal and near-surface electromagnetic fields for an absorbing spheroidal particle with arbitrary illumination[J]. Applied Optics，1995，34（36）：8472-8473.

[46] SEBAK A R，SINHA B P. Scattering by a conducting spheroidal object with dielectric coating at axial incidence[J]. IEEE Transactions on Antennas & Propagation，1992，40（2）：268-273.

[47] LI L W，LEONG M S，YEO T S，et al. Electromagnetic radiation from a prolate spheroidal antenna enclosed in a confocal spheroidal radome[J]. IEEE Transactions on Antennas & Propagation，2002，50（11）：1525-1533.

[48] 保秀娟. 团聚形核壳结构冰晶粒子的光散射特性研究[D]. 西安：西安理工大学，2019.

[49] PURCELL E M，PENNYPACKER C R. Scattering and Absorption of Light by Non-spherical Dielectric Grains [J]. Astrophysical Journal，1973，186：705-714.

[50] DRAINE B T，FLATAU P J. Discrete-dipole approximation for scattering calculations[J]. Journal of the Optical Society of America A，1994，11（11）：1491-1499.

[51] 朱玲，俞大鹏. 采用离散偶极子近似（DDA）方法研究渐变锥形金属纳米结构的超聚焦效应[J]. 科学通报，2009，54（12）：1687-1692.

[52] 刘建斌，曾应新，杨初平. 基于离散偶极子近似生物细胞光散射研究[J]. 红外与激光工程，2014，43（7）：2204-2208.

[53] 饶瑞中. 现代大气光学[M]. 北京：科学出版社，2012：30-34.

[54] YANG P，WEI H L，HUANG H L，et al. Scattering and absorption property database for nonspherical ice particles in the near- through far-infrared spectral region[J]. Applied Optics，2005，44（26）：5512-5523.

[55] 王学仁. 均匀混合光学介质膜折射率的一种计算方法[J]. 激光技术，1986，10（4）：19-22.

[56] 郭硕鸿. 电动力学[M]. 北京：高等教育出版社，2008：143-146.

[57] 于记华. 水云和冰云的光散射与辐射传输特性的研究[D]. 西安：西安理工大学，2019.

[58] YANG P，FU Q. Dependence of ice crystal optical properties on particle aspect ratio[J]. Journal of Quantitative Spectroscopy & Radiative Transfer，2009，110（14）：1604-1614.

[59] LIU G. Approximation of single scattering properties of ice and snow particles for high microwave frequencies[J]. Journal of the Atmospheric Sciences，2003，61（61）：2441-2456.

[60] LIU G. A database of microwave single scattering properties for nonspherical ice particles[J]. Bulletin of the American Meteorological Society，2008，89（10）：1563-1570.

[61] BACON N J，SWANSON B D. Laboratory measurements of light scattering by single levitated ice crystals[J]. Journal of the Atmospheric Sciences，2000，57（13）：2094-2104.

[62] BOROVOI A G，GRISHIN I A. Scattering matrices for large ice crystal particles[J]. Journal of the Optical Society of America A：Optics and Image Science，2003，20（11）：2071-2080.

[63] BURNASHOV A，BOROVOI A G，COHEN A，et al. Scattering matrices for ice crystal particles with preferred orientations[C]. Proceedings of SPIE - The International Society for

Optical Engineering，2005，5829：174-183.

[64] GRISHIN I A. Light scattering properties of hexagonal plate-like crystals[C]. Proceedings of SPIE-The International Society for Optical Engineering，2006，6160：616020-616020-8.

[65] KONOSHONKIN A V，KUSTOVA N V，BOROVOI A G. Limits to applicability of geometrical optics approximation to light backscattering by quasihorizontally oriented hexagonal ice plates[J]. Atmospheric and Oceanic Optics，2015，28（1）：74-81.

[66] YANG P，WEI H，HUANG H L，et al. Scattering and absorption property database for nonspherical ice particles in the near-through far-infrared spectral region[J]. Applied Optics，2005，44（26）：5512.

[67] RÄISÄNEN P，BOGDAN A，SASSEN K，et al. Impact of H_2SO_4/H_2O coating and ice crystal size on radiative properties of sub-visible cirrus[J]. Atmospheric Chemistry and Physics，2006，6（12）：5231-5250.

[68] XIE Y，YANG P，KATTAWAR G W，et al. Effect of the inhomogeneity of ice crystals on retrieving ice cloud optical thickness and effective particle size[J]. Journal of Geophysical Research：Atmospheres，2009，114（D11）：D11203.

[69] BHANDARI R. Scattering coefficients for a multilayered sphere：analytic expressions and algorithms[J]. Applied Optics，1985，24（13）：1960-1967.

[70] HONG G. Radar backscattering properties of nonspherical ice crystals at 94 GHz[J]. Journal of Geophysical Research：Atmospheres，2007，112（D22）：D22203.

[71] 贺秀兰，吴建，杨春平. 冰晶粒子散射理论模型[J]. 红外与激光工程，2006，10（35）：385-389.

[72] 姚克亚，刘春雷. 常见冰晶粒子散射特性的初步研究[J]. 遥感技术与应用，1996，11（1）：22-26.

[73] 姚克亚，刘春雷. 光吸收对冰晶粒子散射相函数的影响[J]. 大气科学，1996，20（1）：123- 126.

[74] 王金虎，葛俊祥，魏鸣，等. 卷云冰晶粒子散射特性的理论计算与实验测量研究进展[J]. 计算技术与自动化，2013，32（3）：218-131.

[75] 刘建斌. 基于不规则衍射理论的冰晶粒子的光散射研究[J]. 光散射学报，2008，20（3）：206-211.

[76] 陈洪滨，孙海冰. 冰−水球形粒子在太阳短波段的吸收与衰减[J]. 大气科学，1999，23（2）：233-238.

[77] 张晋源，张成义，郑改革. 水包冰球包层粒子散射特性的研究[J]. 激光与红外，2016，46（5）：597-601.

[78] 王玉文，董志伟. 对称非球形冰晶对太赫兹波的衰减效应[J]. 太赫兹科学与电子信息学报，2017，15（3）：345-348.

[79] WANG H，CHEN L Y，FENG Y H，et al. Exploiting Core-Shell Synergy for Nanosynthesis and Mechanistic Investigation[J]. Accounts of Chemical Research，2013，46（7）：1636-1646.

[80] 吴振森，王一平. 多层球电磁散射的一种新算法[J]. 电子与信息学报，1993，15（2）：174-180.

[81] 田红艳，王省哲. 具有核壳结构球形微粒的电磁波散射与吸收[J]. 兰州大学学报（自然科学版），2006，42（6）：135-140.

[82] 潘伟良，任伟. 各向异性双层球的电磁散射分析[J]. 杭州电子科技大学学报，2006，26（2）：1-4.

[83] GENG Y L，WU X B，LI L W. Characterization of electromagnetic scattering by a plasma anisotropic spherical shell[J]. IEEE Antennas & Wireless Propagation Letters，2004，3（1）：100-103.

[84] 耿友林，吴信宝，官伯然. 导体球涂覆各向异性铁氧体介质电磁散射的解析解[J]. 电子与信息学报，2006，28（9）：1740-1743.

[85] 林吉龙，韩鹏. 壳层吸收性质对核壳双层颗粒光散射特性的影响研究[C]. 北京：中国颗粒学会第七届学术年会暨海峡两岸颗粒技术研讨会论文集，2010：7-8.

[86] 赵卫疆，苏丽萍，任德明，等. 吸收性海水中气泡光散射特性的理论研究[J]. 强激光与粒子束，2007，19（12）：1979-1982.

[87] 史复辰，解亚明，王治国. 壳层纳米颗粒的光散射行为研究[J]. 光散射学报，2015，27（3）：212-218.

[88] LI X C，ZHANG B D. An equivalent solution for the electromagnetic scattering of multilayer particles[J]. Journal of Quantitative Spectroscopy & Radiative Transfer，2013，129：236-240.

[89] RYSAKOW W，STON M. The light scattering by core-mantled spheres[J]. Journal of Quantitative Spectroscopy and Radiative Transfer，2001，69（1）：121-129.

[90] EDGAR A. The core-shell particle model for light scattering in glass-ceramics：Mie scattering analysis and discrete dipole simulations[J]. Journal of Materials Science：Materials in Electronics，2007，18（1）：335-338.

[91] LOCK J A，PHILIP L. Understanding light scattering by a coated sphere part 1：theoretical considerations[J]. Journal of the Optical Society of America A：Optics and Image Science，2012，29（8）：1489-1497.

[92] LAVEN P，LOCK J A. Understanding light scattering by a coated sphere Part 2：Time domain analysis[J]. Journal of the Optical Society of America A，2012，29（8）：1498-1507.

[93] SASSEN K. Saharan dust storms and indirect aerosol effects on clouds：CRYSTAL-FACE results[J]. Geophysical Research Letters，2003，30（12）：1633-1637.

[94] MURRAY B J，WILSON T W，DOBBIE S，et al. Heterogeneous nucleation of ice particles on glassy aerosols under cirrus conditions[J]. Nature Geoscience，2010，3（4）：233-237.

[95] BERKEMEIER T，SHIRAIWA M，KOOP T，et al. Competition between water uptake and ice nucleation by glassy organic aerosol particles[J]. Atmospheric Chemistry and Physics，2014，14（22）：12513-12531.

[96] LIOU K N，YANG P. Light scattering by ice crystals：fundamentals and applications[M]. Cambridge：Cambridge University Press，2016：1-5，260-273.

[97] SUN W B，VIDEEN G，KATO S，et al. A study of subvisual clouds and their radiation effect with a synergy of CERES，MODIS，CALIPSO，and AIRS data[J]. Journal of Geophysical Research：Atmospheres，2011，116（D22）：1-10.

[98] GEDZELMAN S D. Cloud classification before Luke Howard[J]. Bulletin of the American Meteorological Society，1989，70（4）：381-467.

[99] KOKHANOVSKY A. Optical properties of terrestrial clouds[J]. Earth-Science Reviews，2004，64（3）：189-241.

[100] 孙宇，林龙福，赵增亮，等. libRadtran 的云辐射传输模式及其与 SBDART 的比较[J].

大气与环境光学学报，2010，5（1）：19-25.

[101] HOUZE R A. Cloud dynamics[M]. San Diego：Academic Press，1994：6-22.

[102] YANG P，HIOKI S，SAITOH M，et al. A review of ice cloud optical property models for passive satellite remote sensing[J]. Atmosphere，2018，9（12）：499-529.

[103] 北京大学地球物理系大气物理教研室云物理教学组. 云物理学基础[M]. 北京：农业出版社，1981：1-151.

[104] GALVIN J F P. Observing the sky-how do we recognise clouds? [J]. Weather，2010，58（2）：55-62.

[105] LOHMANN U，LIONDON F，MAHRT F. An introduction to clouds：from the microscale to climate[M]. Cambridge：Cambridge University Press，2016：1-17，186-279.

[106] KHAIN A P，PINSKY M. Physical processes in clouds and cloud modeling[M]. Cambridge：Cambridge University Press，2018：1-63.

[107] YANG P，LIOU K N，BI L，et al. On the radiative properties of ice clouds：light scattering，remote sensing，and radiation parameterization[J]. Advances in Atmospheric Sciences，2015，32（1）：32-63.

[108] BARAN A J. A review of the light scattering properties of cirrus[J]. Journal of Quantitative Spectroscopy & Radiative Transfer，2009，110：1239-1260.

[109] 石广玉. 大气辐射学[M]. 北京：科学出版社，2007：135-139.

[110] KOKHANOVSKY A. Springer series in light scattering：Volume 2：light scattering，radiative transfer and remote sensing[M]. Berlin：Springer，2018：197-238.

[111] KIKUCHI K，KAMADA T，HIGUCHI K，et al. A global classification of snow crystals，ice crystals，and solid precipitation based on observations from middle latitudes to polar regions[J]. Atmospheric Research，2013，132-133：460-472.

[112] BAUM B A，YANG P，NASIRI S L，et al. Bulk scattering properties for the remote sensing of ice clouds. Part 3：high resolution spectral models from 100 to 3250 cm^-1[J]. Journal of Applied Meteorology and Climatology，2007，46（4）：423-434.

[113] LIOU K N. 大气辐射导论[M]. 2 版. 郭彩丽，周诗健，译. 北京：气象出版社，2004：5-10.

[114] LIAO Z J，YANG C P. Creating of the scattering and absorption properties database of ice

crystals[C]. In: Proceedings of the International Conference on Remote Sensing, Nanjing, China: IEEE, 2011: 2059-2062.

[115] MITCHELL D L, MACKE A, LIU Y G. Modeling cirrus clouds. Part II: treatment of radiative properties[J]. Journal of the Atmospheric Sciences, 1996, 53 (20): 2967-2988.

[116] BAUM B A, HEYMSFIELD A J, YANG P, et al. Bulk scattering properties for the remote sensing of ice clouds. Part I: microphysical data and models[J]. Journal of Applied Meteorology, 2005, 44 (12): 1885-1895.

[117] YI B Q, YANG P, LIU Q H, et al. Improvements on the ice cloud modeling capabilities of the community radiative transfer model[J]. Journal of Geophysical Research, 2016, 121 (22): 13577-13590.

[118] BAUM B A, YANG P, HEYMSFIELD A J, et al. Improvements in shortwave bulk scattering and absorption models for the remote sensing of ice clouds[J]. Journal of Applied Meteorology and Climatology, 2011, 50 (5): 1037-1056.

[119] EMDE C, BURASCHNELL R, KYLLING A, et al. The libRadtran software package for radiative transfer calculations (version 2.0.1) [J]. Geoscientific Model Development Discussions, 2016, 8 (12): 10237-10303.

[120] BAUM B A, KRATZ D P, YANG P, et al. Remote sensing of cloud properties using MODIS airborne simulator imagery during SUCCESS: 1. Data and models[J]. Journal of Geophysical Research, 2000, 105 (D8): 11767-11780.

[121] JACOBOWITZ H. A method for computing the transfer of solar radiation through clouds of hexagonal ice crystals[J]. Journal of Quantitative Spectroscopy and Radiative Transfer, 1971, 11 (6): 691-695.

[122] LIOU K N. Light scattering by ice clouds in the visible and infrared: a theoretical study[J]. Journal of the Atmospheric Sciences, 1972, 29 (3): 524-536.

[123] WENDLING P, WENDLING R, WEICKMANN H K. Scattering of solar radiation by hexagonal ice crystals[J]. Applied Optics, 1979, 18 (15): 2663-2671.

[124] COLEMAN R F, LIOU K N. Light scattering by hexagonal ice crystals[J]. Journal of the Atmospheric Sciences, 1981, 38 (6): 1260-1271.

[125] TAKANO Y, LIOU K N. Solar radiative transfer in cirrus clouds. Part I: single-scattering

and optical properties of hexagonal ice crystals[J]. Journal of Atmospheric Sciences，1989，46（1）：3-19.

[126] MACKE A. Scattering of light by polyhedral ice crystals[J]. Applied Optics，1993，32（15）：2780-2788.

[127] TAKANO Y，LIOU K N，MINNIS P. The effects of small ice crystals on cirrus infrared radiative properties[J]. Journal of the Atmospheric Sciences，1992，49（16）：1487-1493.

[128] YANG P，LIOU K N. Light scattering by hexagonal ice crystals：comparison of finite-difference time domain and geometric optics models[J]. Journal of the Optical Society of America A，1995，12（1）：162-176.

[129] YANG P，LIOU K N. Finite-difference time domain method for light scattering by small ice crystals in three-dimensional space[J]. Journal of the Optical Society of America A，1996，13（10）：2072-2085.

[130] WYSER K，YANG P. Average ice crystal size and bulk short wave single-scattering properties of cirrus clouds[J]. Atmospheric Research，1998，49（4）：315-335.

[131] YANG P，LIOU K N，WYSER K，et al. Parameterization of the scattering and absorption properties of individual ice crystals[J]. Journal of Geophysical Research，2000，105（D4）：4699-4718.

[132] BARAN A J，YANG P，HAVEMANN S. Calculation of the single-scattering properties of randomly oriented hexagonal ice columns：a comparison of the T-matrix and the finite-difference time-domain methods[J]. Applied Optics，2001，40（24）：4376-4386.

[133] YANG P，BAUM B A，HEYMSFIELD A J，et al. Single-scattering properties of droxtals[J]. Journal of Quantitative Spectroscopy & Radiative Transfer，2003，79：1159-1169.

[134] CHEN G，YANG P，KATTAWAR G W，et al. Scattering phase functions of horizontally oriented hexagonal ice crystals[J]. Journal of Quantitative Spectroscopy & Radiative Transfer，2006，100：91-102.

[135] 宫纯文，魏合理，李学彬，等. 取向比对圆柱状冰晶粒子光散射特性的影响[J]. 光学学报，2009，29（5）：1155-1159.

[136] IWABUCHI H，YANG P. Temperature dependence of ice optical constants：implications

for simulating the single-scattering properties of cold ice clouds[J]. Journal of Quantitative Spectroscopy & Radiative Transfer，2011，112：2520-2525.

[137] BI L，YANG P. Accurate simulation of the optical properties of atmospheric ice crystals with the invariant imbedding T-matrix method[J]. Journal of Quantitative Spectroscopy & Radiative Transfer，2014，138（3）：17-35.

[138] ZHOU C，YANG P. Backscattering peak of ice cloud particles[J]. Optics Express，2015，23（9）：11995-12003.

[139] HEINSON Y W，MAUHAN J B，DING J C，et al. Q-space analysis of light scattering by ice crystals[J]. Journal of Quantitative Spectroscopy & Radiative Transfer，2016，185：86-94.

[140] PLASS G N，KATTAWAR G W. Radiative transfer in water and ice clouds in the visible and infrared region[J]. Applied Optics，1971，10（4）：738-749.

[141] FLEMING J R，COX S K. Radiative effects of cirrus clouds[J]. Journal of the Atmospheric Sciences，1974，31（8）：2182-2188.

[142] STEPHENS G L. Radiative Properties of cirrus clouds in the infrared region[J]. Journal of the Atmospheric Sciences，1980，37（2）：435-446.

[143] TAKANO Y，LIOU K N. Solar radiative transfer in cirrus clouds. Part II：theory and computation of multiple scattering in an anisotropic medium[J]. Journal of the Atmospheric Sciences，1989，46（1）：20-36.

[144] FU Q. An accurate parameterization of the solar radiative properties of cirrus clouds for climate models[J]. Journal of Climate，1996，9（9）：2058-2082.

[145] 刘春雷，姚克亚. 卷云中粒子的密度变化对可见光波段能量传输的影响[J]. 大气科学，1997，21（5）：599-606.

[146] OU S C，TAKANO Y，LIOU K N，et al. Laser transmission-backscattering through inhomogeneous cirrus clouds[J]. Applied Optics，2002，41（27）：5744-5754.

[147] LIOU K N，TAKANO Y，OU S C，et al. Laser transmission through thin cirrus clouds[J]. Applied Optics，2000，39（27）：4886-4894.

[148] KEY J R，YANG P，BAUM B A，et al. Parameterization of shortwave ice cloud optical properties for various particle habits[J]. Journal of Geophysical Research：Atmospheres，

2002，107（D13）.

[149] MAYER B，KYLLING A. Technical note：The libRadtran software package for radiative transfer calculations-description and examples of use[J]. Atmospheric Chemistry and Physics，2005，5（7）：1855-1877.

[150] 李娟，毛节泰. 冰晶性质对卷云辐射特征影响的模拟研究[J]. 气象，2006，32（2）：9-13.

[151] BARKEY B，LIOU K N. Visible and near infrared reflectances measured from laboratory ice clouds[J]. Applied Optics，2008，47（13）：2533-2540.

[152] 赵燕杰，魏合理，徐青山，等. 1.315um 波长冰晶粒子辐射特性的模拟研究[J].红外与激光工程，2009，38（5）：782-786.

[153] STAMNES K，TSAY S C，WISCOMBE W，et al. Numerically stable algorithm for discrete-ordinate-method radiative transfer in multiple scattering and emitting layered media[J]. Applied Optics，1988，27（12）：2502-2509.

[154] HU Y X，WIELICKI B，LIN B，et al. δ-Fit：a fast and accurate treatment of particle scattering phase functions with weighted singular-value decomposition least-squares fitting[J]. Journal of Quantitative Spectroscopy and Radiative Transfer，2000，65（4）：681-690.

[155] 曹亚楠，魏合理，陈秀红，等. 卷云短波反射特性的模拟计算研究[J]. 光学学报，2012，32（8）：19-25.

[156] 王攀，易凡，陶金，等. 卷云在红外波段辐射传输特性模拟计算[J]. 红外技术，2014，36（1）：63-67.

[157] 胡斯勒图，包玉海，许健，等. 基于六角形和球形冰晶模型的卷云辐射特征研究[J]. 光谱学与光谱分析，2015，35（5）：1165-1168.

[158] LIU X，YANG Q G，LI H，et al. Development of a fast and accurate PCRTM radiative transfer model in the solar spectral region[J]. Applied Optics，2016，55（29）：8236-8247.

[159] 蔡熠，刘延利，戴聪明，等. 卷云大气条件下目标与背景对比度模拟分析[J]. 光学学报，2017，37（8）：1-8.

[160] 李姗姗，邓小波，丁继烈，等. 基于 SCIATRAN 大气辐射传输模式的卷云大气短波红外敏感性分析[J]. 成都信息工程学院学报，2017，32（3）：276-281.

[161] 赵凤美，戴聪明，魏合理，等. 基于 MODIS 云参数的卷云反射率计算研究[J]. 红外与激光工程，2018，47（9）：270-276.

[162] 王明军，于记华，刘雁翔，等. 多激光波长在不同稀薄随机分布冰晶粒子层的散射特性[J]. 红外与激光工程，2019，48（3）：311002-0311002（6）.

[163] YURKIN M A，HOEKSTRA A G，BBROCJ R S，et al. Systematic comparison of the discrete dipole approximation and the finite difference time domain method[C]. Conference on Electromagnetic and Light Scattering，2007：249-252.

[164] CHEN J，SUN H，ZHAO R，et al. Research development of range-resolved laser radar technology[J]. Infrared and Laser Engineering，2019，48（8）：805007-0805007.

[165] 孙鹏举，高卫，汪岳峰. 目标激光雷达截面的计算方法及应用研究[J]. 红外与激光工程，2006，35（5）：597-600.